山武◎编著

Photoshop人像摄影后期处理技法100问（修订版）

人民邮电出版社
北京

图书在版编目（CIP）数据

Photoshop人像摄影后期处理技法100问 / 山武编著
. -- 2版（修订本）. -- 北京 : 人民邮电出版社,
2023.1
ISBN 978-7-115-59888-2

Ⅰ. ①P… Ⅱ. ①山… Ⅲ. ①图像处理软件－问题解
答 Ⅳ. ①TP391.413-44

中国版本图书馆CIP数据核字(2022)第172616号

内 容 提 要

本书主要讲解人像修图师需要掌握的修图技巧，具有非常强的专业性和实用性。书中共罗列出 100 个问题，采用问答的形式进行讲解。读者只要根据书中的内容进行学习，就能解决自己在修图过程中遇到的大部分问题。全书共 15 章：第 1 章和第 2 章讲解光影、色彩对于后期修图的重要性；第 3 章介绍后期处理应备的基本工具；第 4～7 章讲解调色工具、图层混合模式、滤镜和通道的使用方法与技巧；第 8 章讲解 Camera Raw 的使用方法和技巧；第 9 章讲解对人物的脸形和身材的修饰方法；第 10 章讲解照片的调色技巧；第 11 章讲解简单实用的修图技巧；第 12 章讲解画面的合成技术；第 13 章讲解在日常修图工作中会遇到的后期处理问题及解决办法；第 14 章讲解设计与排版的方法；第 15 章讲解作者在修图过程中的心得和体会，并对前面章节的内容进行了一些补充。

随书附赠 PPT 课件、在线视频、案例素材文件和案例源文件，供读者学习参考。

本书适合人像摄影后期处理从业人员、摄影师和对人像摄影修图感兴趣的读者学习，也可作为相关培训机构的教材。

◆ 编　　著　山　武
责任编辑　王　冉
责任印制　马振武
◆ 人民邮电出版社出版发行　　北京市丰台区成寿寺路 11 号
邮编　100164　　电子邮件　315@ptpress.com.cn
网址　http://www.ptpress.com.cn
北京捷迅佳彩印刷有限公司印刷
◆ 开本：787×1092　1/16
印张：15.75　　2023 年 1 月第 2 版
字数：512 千字　　2024 年 11月北京第 4 次印刷

定价：119.80 元

读者服务热线：(010)81055410　印装质量热线：(010)81055316
反盗版热线：(010)81055315
广告经营许可证：京东市监广登字 20170147 号

本书精彩案例展示 01

案例:

将照片的背景处理为黑白的效果

• **视频名称:** 将照片的背景处理为黑白的效果

038页

案例:

处理裙子上的褶皱

• **视频名称:** 处理裙子上的褶皱

040页

案例:

赋予画面高光和阴影不同的色彩

• **视频名称:** 赋予画面高光和阴影不同的色彩

057页

案例:

让画面更具厚重感

• **视频名称:** 让画面更具厚重感

061页

案例:

用“滤色”模式处理照片中的暗色

• **视频名称:** 用“滤色”模式处理照片中的暗色

069页

案例:

用“叠加”模式增加照片的色彩

• **视频名称:** 用“叠加”模式增加照片的色彩

071页

本书精彩
案例展示
02

案例：

用“正片叠底”模式增加照片的厚重感

• 视频名称：用“正片叠底”模式增加照片的厚重感

067页

案例：

用“饱和度”模式让照片的色彩更丰富

• 视频名称：用“饱和度”模式让照片的色彩更丰富

075页

案例：

用“场景模糊”滤镜虚化照片中的背景

• 视频名称：用“场景模糊”滤镜虚化照片中的背景

081页

案例：

用“光圈模糊”滤镜虚化焦点周围的图像

• 视频名称：用“光圈模糊”滤镜虚化焦点周围的图像

082页

案例：

用“移轴模糊”滤镜虚化照片两端的内容

• 视频名称：用“移轴模糊”滤镜虚化照片两端的内容

083页

案例：

用“光照效果”滤镜模拟真实的环境光

• 视频名称：用“光照效果”滤镜模拟真实的环境光

086页

本书精彩案例展示

03

案例：

用通道调出好看的“阿宝色”

• **视频名称：**用通道调出好看的“阿宝色”

098页

案例：

用通道调出特殊的色彩效果

• **视频名称：**用通道调出特殊的色彩效果

099页

案例：

用“液化”滤镜修饰人物的脸部

• **视频名称：**用“液化”滤镜修饰人物的脸部

131页

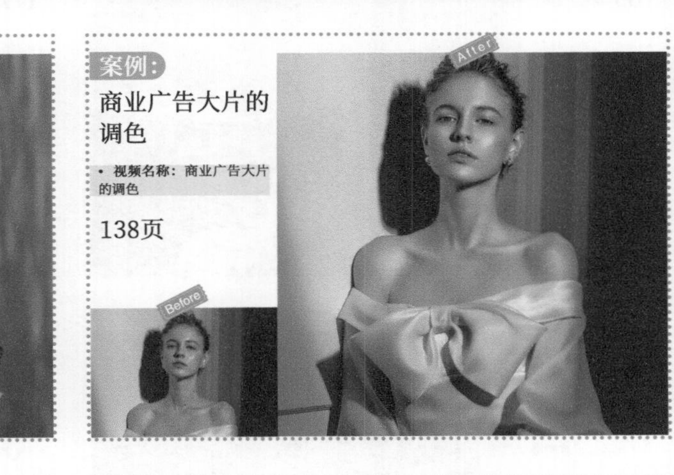

案例：

商业广告大片的调色

• **视频名称：**商业广告大片的调色

138页

案例：

古香古色之工笔画风格的调色

• **视频名称：**古香古色之工笔画风格的调色

151页

案例：

自然唯美的小清新风格的调色

• **视频名称：**自然唯美的小清新风格的调色

155页

案例：

文艺范的日系风格的调色

• 视频名称：文艺范的日系风格的调色

159页

案例：

自由奔放的旅拍风格的调色

• 视频名称：自由奔放的旅拍风格的调色

162页

案例：

纪实外景风格的调色

• 视频名称：纪实外景风格的调色

168页

案例：

用“高低频”修饰皮肤

• 视频名称：用“高低频”修饰皮肤

177页

案例：

梦幻唯美风格的调色

• 视频名称：梦幻唯美风格的调色

165页

案例：

处理斑驳的柱子

• 视频名称：处理斑驳的柱子

179页

本书精彩
案例展示
05

案例：
修饰玻璃上难看的反光
• 视频名称：修饰玻璃上难看的反光
180页

案例：
处理脏乱的地面
• 视频名称：处理脏乱的地面
181页

案例：
制作以假乱真的合成效果
• 视频名称：制作以假乱真的合成效果
184页

案例：
为画面添加天空背景
• 视频名称：为画面添加天空背景
189页

案例：
对照片进行嫁接合成
• 视频名称：对照片进行嫁接合成
191页

案例：
让抠图合成更真实、更自然
• 视频名称：让抠图合成更真实、更自然
193页

案例：

制作唯美的飘纱效果

• 视频名称：制作唯美的飘纱效果

196页

案例：

制作下雨的效果

• 视频名称：制作下雨的效果

208页

案例：

处理浑浊的海水

• 视频名称：处理浑浊的海水

202页

案例：

将绿色草地变成梦幻的粉色草地

• 视频名称：将绿色草地变成梦幻的粉色草地

213页

案例：

处理水面上难看的漂浮物

• 视频名称：处理水面上难看的漂浮物

217页

案例：

制作逼真的双重曝光效果

• 视频名称：制作逼真的双重曝光效果

220页

很多修图师刚入行时，都没有系统学习过相关的专业修图知识，只能到了工作岗位以后，依靠“老人带新人”这种传统方式一点点地摸索，因此，很多修图师对于专业领域的知识一知半解。我写这本书的初衷是将自己这些年总结的修图技巧分享给大家，让大家少走一些弯路。

想要成为一名合格的修图师，必须具备一定的美术基础，以提高自己的审美水平。我认为，修图软件的学习并不难，最重要的是修图的想法。如果你不知道什么是美，即使对软件的操作很熟练，也很难修出一幅精彩的作品。所以本书先从基础的光影和色彩讲起，读者在对光影与色彩的基本知识有所了解后，学习后面章节的内容时就更加容易了。另外，建议大家多看一些好的摄影和修图作品，从专业的角度去观察光影与色彩的细节，从中借鉴和总结好的技巧与方法。

于我而言，修图是一件非常有趣的事情，修图师是一个创造美的职业。每当完成一幅满意的作品时，内心都充满了成就感和喜悦感。在此，针对想要从事修图师职业的读者我想提醒一点，如果决心从事修图师这一工作，就要对这个工作充满兴趣与热爱。只有这样，才能把修图工作做得更好。

最后，希望本书能对大家有所帮助。

山 武
2022年6月

推荐

随着人像摄影行业的发展，人像修图变得越来越重要。山武老师的这本书几乎涵盖了所有人像修图师应备的修图技术，具有很强的专业性和实用性。相信看过本书的读者一定会学到很多有用的知识。在此，我谨代表中国人像摄影学会给予本书较高的肯定。

——中国人像摄影学会主席　闫太昌

山武老师是一位非常专业的后期数码师和讲师，曾多次担任辽宁省人像摄影协会举办的大型后期数码公开课的讲师，为辽宁省的人像摄影行业发展做出了非常大的贡献，并获得同行的一致好评。作为后期数码师，要具备非常强的后期处理能力。山武老师的这本书由浅及深、生动形象地讲解了后期处理的方方面面。相信大家在拿到这本书后，一定会如获珍宝，爱不释手。

——辽宁省人像摄影协会秘书长　韩悦志

作为搭档，我与山武老师一起工作很多年了，每次拍摄完之后我们都会认真交流照片的修调方案。他是一个很有想法、做事非常认真的人，每次看到修调好的照片我都非常惊喜。前不久他跟我说要写一本关于人像摄影修图的教程，希望能够使用我的摄影作品，我毫不犹豫地答应了。能为摄影行业做一份贡献，我感到非常荣幸。山武老师能把十几年的修图经验分享给大家，实属难得。希望大家能通过本书学到专业、实用的修图技巧。

——人像摄影师　邰恩华

我与山武老师算是多年的好兄弟了，虽然平时我们很少见面，但只要一见面我们就会探讨照片的修调问题，每次我都收获满满。尽管我是一名摄影师，但我还是认为一张照片是否精彩，后期修图起到相当大的作用。都说“三分拍，七分修”，这话说得一点儿也不假。好的修图师在行业内可谓可遇而不可求，山武老师算是修图领域的佼佼者，他能够将多年的修图技术和经验写成书，更是难得。只要大家跟着本书认真学习，一定会有意想不到的收获。

——人像摄影杂志社特约撰稿人　房玉琦

学校的专业技术教学领域特别注重专业技能与社会实践的融合，尤其是在摄影系的课程安排中，数码后期技术是一门非常重要的学科。作为一名摄影师，如果能够掌握专业的后期修图技术，那么在前期拍摄时就可以构思好照片的最终效果，并且通过数码后期处理来弥补前期拍摄的不足。山武老师的这本教程涵盖了修图领域的各种技术、窍门和经验，强烈推荐给我的学生乃至专业的摄影师和修图师学习。

——大连工业大学摄影系主任　张岩松

本书由“数艺设”出品，“数艺设”社区平台（www.shuyishe.com）为您提供后续服务。

配套资源

PPT课件　　案例素材文件　　案例源文件

在线视频

资源获取请扫码

（提示：微信扫描二维码关注公众号后，输入 51 页左下角的 5 位数字，获得资源获取帮助。）

“数艺设”社区平台， 为艺术设计从业者提供专业的教育产品。

与我们联系

我们的联系邮箱是 szys@ptpress.com.cn。如果您对本书有任何疑问或建议，请您发邮件给我们，并请在邮件标题中注明本书书名及ISBN，以便我们更高效地做出反馈。

如果您有兴趣出版图书、录制教学课程，或者参与技术审校等工作，可以发邮件给我们。如果学校、培训机构或企业想批量购买本书或“数艺设”出版的其他图书，也可以发邮件联系我们。

关于“数艺设”

人民邮电出版社有限公司旗下品牌“数艺设”，专注于专业艺术设计类图书出版，为艺术设计从业者提供专业的图书、视频电子书、课程等教育产品。出版领域涉及平面、三维、影视、摄影与后期等数字艺术门类，字体设计、品牌设计、色彩设计等设计理论与应用门类，UI设计、电商设计、新媒体设计、游戏设计、交互设计、原型设计等互联网设计门类，环艺设计手绘、插画设计手绘、工业设计手绘等设计手绘门类。更多服务请访问“数艺设”社区平台www.shuyishe.com。我们将提供及时、准确、专业的学习服务。

CONTENTS

目录

第1章 光影是照片的灵魂 017

001 为什么说光影是照片的灵魂 018

002 如何利用光影表现物体的质感 019

003 如何利用光影表现画面的空间层次感........021

004 照片越亮就代表越干净和通透吗 023

005 照片的光影反差越大就越有层次吗...........024

第2章 色彩是照片的躯体 025

006 色彩的三要素对照片有哪些影响..............026

007 如何搭配出好看的颜色 028

008 如何确定照片的色调 030

第3章 后期处理必备的基本工具 031

009 Photoshop中常用的工具有哪些 032

010 如何使用“钢笔工具” 033

案例:处理画面中难看的阴影..................................033

011 如何使用“减淡工具”与“加深工具” 034

012 如何使用“污点修复画笔工具”和“修补工具”...036

案例:处理画面中难看的木头..................................037

013 如何使用“历史记录画笔工具” 038

案例:将照片的背景处理为黑白的效果........................038

014 如何使用“混合器画笔工具” 040

案例:处理裙子上的褶皱..040

第4章 神奇的调色工具 043

015 常用的调色命令有哪些 044

016 “曲线”命令与“色阶”命令有何异同.....045

017 “可选颜色”命令有哪些特别的功能........047

案例:让人物的肤色变得更均匀...............................047

案例:让画面的颜色变得更纯...................................048

案例:让画面的光影层次感更强...............................049

018 “色彩平衡”命令有什么作用.................052

019 “黑白”命令仅仅用于去色处理吗...........054

案例:强化照片的光影...054

020 “渐变映射”命令有哪些作用.................056

案例:增强画面的光影层次......................................056

案例:赋予画面高光和阴影不同的色彩.......................057

021 “曝光度”命令有什么特别之处吗...........059

案例:改变画面中阴影和高光的对比度.......................059

案例:让画面更具厚重感...061

022 如何使用“色相/饱和度”命令................062

第5章 方便实用的图层混合模式 063

023 常用的图层混合模式有哪些....................064

024 如何快速增加照片的厚重感 067

案例:用“正片叠底”模式增加照片的厚重感.............067

025 如何快速处理局部太暗的照片....................069

案例:用“滤色”模式处理照片中的暗色....................069

026 如何为照片增添自然的色彩....................071

案例:用“叠加”模式增加照片的色彩....................071

027 如何将照片调出柔和唯美的感觉..............073

案例:用“柔光”模式让照片变得更唯美....................073

028 如何让照片的色彩变得更丰富....................075

案例: 用“饱和度”模式让照片的色彩更丰富 075

第6章 暗藏玄机的滤镜效果 077

029 滤镜库中有哪些滤镜 078

030 “模糊”滤镜组中有哪些滤镜....................079

031 “模糊画廊”滤镜组中有哪些滤镜...........081

案例:用“场景模糊”滤镜虚化照片中的背景..............081

案例:用“光圈模糊”滤镜虚化焦点周围的图像...........082

案例:用“移轴模糊”滤镜虚化照片两端的内容...........083

032 “锐化”滤镜组中有哪些滤镜....................084

033 “渲染”滤镜组中有哪些滤镜....................086

案例:用“光照效果”滤镜模拟真实的环境光..............086

案例:用“镜头光晕”滤镜为照片添加光晕效果...........089

034 “杂色”滤镜组中有哪些滤镜....................090

035 如何利用“高反差保留”滤镜增强画面的质感...092

案例:用“高反差保留”滤镜增强画面的质感..............092

第7章 无所不能的通道 095

036 怎样理解通道 096

037 如何利用通道调出好看的色彩....................098

案例:用通道调出好看的“阿宝色” 098

案例:用通道调出特殊的色彩效果....................099

038 如何利用通道制作选区并改变色彩..........101

案例:用通道制作选区并改变色彩....................101

039 如何利用通道抠图 103

案例:用通道抠图....................103

040 如何利用通道制作炫彩的效果....................105

案例:用通道制作炫彩的效果....................105

第8章 提高原片质量的Camera Raw 109

041 Camera Raw中都有哪些实用的功能 110

042 如何控制转档的基础光影........................112

043 如何调出干净和通透的肤色....................114

044 如何把控照片的色彩属性........................116

案例：调整照片的色彩属性..116

045 如何控制画面局部的曝光与色彩..............119

案例：用“调整画笔”处理画面局部的色彩不均匀........119

案例：用“渐变滤镜”对画面的局部进行提亮..............120

案例：用“径向滤镜”处理画面中曝光不足的地方........121

046 如何使用局部调整工具制作唯美的画面效果..123

案例：用局部调整工具制作梦幻和唯美的画面效果........123

第9章 塑造完美的脸形和身材 127

047 如何理解“液化” 128

048 如何将人物的五官处理得更自然..............131

案例：用“液化”滤镜修饰人物的脸部........................131

049 如何让人物看起来更有气质....................133

案例：用“液化”滤镜修饰人物的肩部........................133

050 如何控制人物的身材比例........................135

案例：用“液化”滤镜修饰人物的身材........................135

第10章 当下流行的照片调色风格 137

051 如何制作商业广告大片的效果.................138

案例：商业广告大片的调色..138

052 如何制作时尚大片的效果.......................143

案例：时尚大片的调色..143

053 如何调出唯美的韩风色调.......................147

案例：唯美的韩风色调的调色......................................147

054 如何调出古香古色之工笔画风格..............151

案例：古香古色之工笔画风格的调色............................151

055 如何调出自然唯美的小清新风格..............155

案例：自然唯美的小清新风格的调色............................155

056 如何调出文艺范的日系风格....................159

案例：文艺范的日系风格的调色..................................159

057 如何调出自由奔放的旅拍风格.................162

案例：自由奔放的旅拍风格的调色...............................162

058 如何调出梦幻唯美的风格.......................165

案例：梦幻唯美风格的调色..165

059 如何调出纪实外景的风格.......................168

案例：纪实外景风格的调色..168

第11章 简单实用的修图技巧 171

060 如何将人物皮肤变得细腻和立体..............172

061 如何使用“仿制图章工具”修饰皮肤........173

062 如何修饰大场景中人物的皮肤.................175

案例:修饰大场景中人物的皮肤......175

063 如何使用“高低频”更好地修饰皮肤......177

案例:用“高低频”修饰皮肤......177

064 如何避免场景中“穿帮”的尴尬......179

案例:处理斑驳的柱子......179

案例:修饰玻璃上难看的反光......180

案例:处理脏乱的地面......181

案例:去掉不需要的人物......182

第12章 让画面更真实的合成技术 183

065 如何达到以假乱真的合成效果......184

案例:制作以假乱真的合成效果......184

066 如何为照片添加前景素材......186

案例:为照片添加前景素材......186

067 如何让天空的合成更真实和生动......188

案例:为画面添加天空背景......189

068 什么是嫁接合成......191

案例:对照片进行嫁接合成......191

069 如何让抠图合成更真实、更自然......193

案例:让抠图合成更真实、更自然......193

070 唯美的飘纱效果是怎么做出来的......196

案例:制作唯美的飘纱效果......196

第13章 五花八门的后期处理小妙招 201

071 如何把浑浊的海水变蓝......202

案例:处理浑浊的海水......202

072 如何控制好HDR效果......205

案例:制作酷炫的3D光影效果......205

073 如何制作下雨的效果......208

案例:制作下雨的效果......208

074 如何去掉图像中的紫边......211

案例:去掉图像中的紫边......211

075 如何将绿色草地变成梦幻的粉色草地......213

案例:将绿色草地变成梦幻的粉色草地......213

076 如何快速让天空和海水变得更蓝......215

案例:快速让天空和海水变得更蓝......215

077 如何处理水面上难看的漂浮物......217

案例:处理水面上难看的漂浮物......217

078 如何制作逼真的人物投影效果......218

案例:制作逼真的人物投影效果......218

079 如何制作逼真的双重曝光效果......220

案例:制作逼真的双重曝光效果......220

080 如何制作漂亮的烟花字......222

案例:制作漂亮的烟花字......222

081 如何制作“千图成像”的效果......225

案例:制作“千图成像”的效果......225

082 如何制作逼真的素描效果........................227

案例:制作逼真的素描效果..227

083 如何快速制作“拍立得”式的边框效果.....229

案例:快速制作“拍立得”式的边框效果.......................229

第14章 排版设计的精髓 231

084 排版设计时应注意哪些问题....................232

085 选择文字素材时应注意哪些问题..............233

086 版面中的色彩搭配技巧有哪些................234

087 如何确定版面的设计风格......................236

088 如何让版式设计具备故事情节................238

第15章 经验分享 241

089 新手学习修图如何快速上手....................242

090 照片的色彩搭配有什么规律吗..................243

091 如何快速为照片定调..............................244

092 在转档时如何让皮肤更干净和更有层次.....245

093 在照片整体不亮的情况下如何处理皮肤.....246

094 如何避免把皮肤纹理修花......................247

095 如何对很灰的照片进行改善....................248

096 如何让照片看起来厚重和有质感..............249

097 如何处理照片中的噪点..........................250

098 如何将海水调得更透和更蓝....................251

099 如何快速处理“穿帮”的照片..................252

100 如何让添加的素材更真实自然................252

第 1 章

01

光影是照片的灵魂

001 为什么说光影是照片的灵魂

002 如何利用光影表现物体的质感

003 如何利用光影表现画面的空间层次感

004 照片越亮就代表越干净和通透吗

005 照片的光影反差越大就越有层次吗

001 为什么说光影是照片的灵魂

光影是摄影的基础，无论是从物理特性出发，还是站在艺术的角度去理解，光影都影响着摄影的各个方面，如被拍摄物体的形态、体积、质感、明暗和状态等。

光与影是两个部分，光是凸显的部分，影是凹陷的部分。光与影呈现出一种对立关系，如同黑与白、亮与暗之间的关系。但它们又是不可分割的：因为光的存在，所以产生了影；因为影的存在，所以光得到了强化。

在摄影作品中，没有影的光就是一个白点，是一个平面的形状。没有光的影，也只是一个黑点，毫无空间感可言。

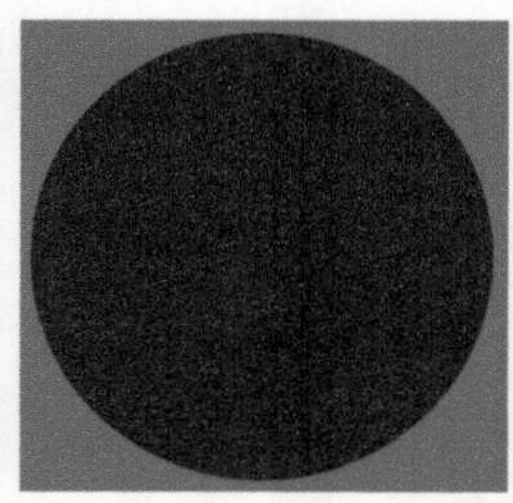

只有将光与影完美结合，才能形成一个具有空间感的物体，同时画面中的基础影调——中间调也由此而生。中间调内容丰富，转变平缓，在照片中对于物体和人物的刻画来说很重要。修出一张完美照片的精髓就在于把控好光影关系，即图像中高光、中间调和阴影的布局要合理。只要把控好光影关系，即使照片中没有任何色彩，也可以让照片中的形象得到很好的表现。

下图是经典黑白电影*Safety Last!*的海报。在没有任何色彩修饰的情况下，仅仅通过光影就把整个画面的空间感表现得淋漓尽致。

光与影之间的关系十分微妙，仅仅通过黑、白、灰就能表现出任何物体。很多看似普通的场景在光影表现细腻的情况下，往往能展示出超乎寻常的表现力。只要我们正确地理解光影关系，运用好光影，就可以制作出具有生命力的作品。

在后面的章节中，笔者会继续讲解光影对照片的影响。下面我们一起来了解如何利用光影表现物体的质感、画面的空间层次感，以及照片的通透感和干净感。

002 如何利用光影表现物体的质感

在日常生活中，肉眼所见的一切物体都是通过光影来呈现的。我们不仅可以通过肉眼区分不同的物体，还可以识别不同物体的材质。例如，花盆的材质是陶瓷，水杯的材质是玻璃，硬币的材质是金属等。

观察下面这张照片，我们可以很容易地判断出不同物体的材质：金属材质的手铃、木头材质的桌子和纸质的书页等。

在对光影的基本性质有了一定的了解后，我们来进一步了解光影的影调结构。笼统地讲，影调结构就是黑、白、灰在画面上的组合关系。通过上一问的内容我们可以知道，当画面形成了影调之后，画面就不是平面的图像，而是有立体感的影像了。

光影的基本构成分为高光、中间调和阴影。其中，高光是画面中的白色部分，中间调是画面中的浅灰色部分，阴影是画面中的黑色和深灰色部分。观察下面两张照片，将彩色的照片进行去色处理后，高光和阴影都只占了画面很少的一部分，画面主要的光影属于中间调部分。

在我们日常接触的照片中，以高光和阴影为光影主色调的照片并不多见，中间调是大部分照片的光影主色调。鉴于中间调的光影范围如此之广，同时为了能够更好地控制照片的光影，我们又把中间调拆分成了两个部分：偏亮部分的亮调和偏暗部分的暗调。

提示 高光、中间调和阴影这3个光影层面的划分是模糊的，且呈渐变式过渡。

观察右下两个球体，同样是由黑、白、灰3种颜色构成的，却给人完全不同的感觉：左边的球体像一个石膏球，右边的球体则像一个金属球。之所以会给人这样的感觉，是因为这两个球体光影的影调结构不同。

通过仔细对比这两个球体的光影结构我们不难发现，左边的球体的高光和阴影部分并不明显，整个球体80%左右的光影属于中间调范围，并且中间调的过渡也非常平缓，即暗调与亮调过渡反差不大，光影非常柔和。这很容易让我们联想到生活中常见的石膏、鸡蛋和乒乓球等物体。右边的球体的高光部分则非常明显，整个球体呈现出大面积的白色高光区域，阴影部分也是如此，整个球体50%左右的光影部分属于高光与阴影范围，并且过渡反差较明显，整体的光影效果非常硬朗。这很容易让我们联想到金属和玻璃等质地坚硬的物体。

提示 金属球给人一种坚硬、沉重、光泽感强的感觉，而鸡蛋会给人一种脆弱、轻盈、光泽感弱的感觉。这是因为生活常识让我们对这些物体有了一个基本的判断和感知。

不同物体在相同光照条件下所呈现出的光影结构是不同的。通过观察物体的光影效果，基本上就可以判断出物体的材质。同理，如果我们希望在照片中呈现出某种物体的质感，就可以根据该物体所呈现出的光影结构特性去塑造它。根据光影的特性，我们就能营造画面中不同物体的质感了。环顾一下身边的物体，我们不难发现，在相同光线照射的情况下，不同物体所呈现出的光影效果都是不一样的。在修图过程中，读者可运用这个技巧来表现不同的物体。

003 如何利用光影表现画面的空间层次感

“我们的眼睛喜欢光明，而不习惯于黑暗，我们愿意在明媚的阳光下散步，却很少在漆黑的夜晚出门。我们在晚上很容易发现一只萤火虫，但不能在白天轻易地注意到眼前飞过的一只蚊子。”这便是我们与生俱来的视觉习惯，偏重光而忽略影。所以在处理画面的光影时，我们可以把需要重点表达的部分（通常称之为主体）处理得明亮一些。同样，我们也可以把不需要重点表达的部分（通常称之为次体）处理得暗淡一些。当画面中有了明暗之分，自然就会产生主次关系，画面的层次感也就得以呈现。

观察下面这两张照片，单从画面的层次来看，右边照片更具空间层次感。左边照片中的草地、建筑与天空整体偏亮，与主体人物的明暗反差不大，画面显得很平庸；右边照片的背景部分整体偏暗，与主体人物的明暗反差比较大，所以主体人物格外突出。主体部分突出，次体部分削弱，我们就能感受到明显的空间层次感。

无论是金银首饰，还是钻石玛瑙，无一不耀眼夺目、绚丽璀璨。这些华丽饰品的材质都有一个共同的特点：在同样的光照环境下，会绽放出比其他材质的饰品更加夺目的光彩，吸人眼球。这同样与我们的视觉习惯有关系。金属饰品或钻石、珍珠饰品能够折射出耀眼的光芒，所以能够吸人眼球。而其他材质的饰品只能营造出“平庸”的光影，因此难以受到额外的关注。由此，我们又找到了一种通过光影增加整体画面层次感的方法，那就是加强主体的光影反差，削弱次体的光影反差。

观察下面这两张照片，从画面的层次来看，左边照片没有右边照片突出。在左边照片中，背景的明度较高，并且光影反差也较大，于是主体人物部分看起来并不突出。在右边照片中，背景的明度降低了，并且削弱了光影的反差，凸显出主体人物，于是照片整体的层次感就会非常明显。通过这个案例我们也可以总结出，照片的层次感和质感其实是密不可分的。质感实质是对光影层次的细节表现，也就是说光影在宏观上造就了画面的层次感，在微观上造就了画面中不同物体的质感。

由此可见，空间感的塑造与光影的强弱密不可分。看右边这张照片，摄影师在拍摄时，运用大光圈让浓重的背景变得虚化模糊，其实也是在通过调整光影的强弱对比来强调主体人物。这种方法也可以作为后期修图的方法之一。

提示 模糊背景是摄影师经常使用的拍摄方法之一。拍摄时调整镜头的光圈，让照片的景深变小，会虚化照片的背景。

关于如何利用光影表现画面的空间层次感，其实远不止以上这几个例子。光影的变化有很多种，更多的还需要我们自己去探索和感知。只要细心观察，你就会解开更多有关光影的奥秘。

004 照片越亮就代表越干净和通透吗

相信很多从事修图工作的朋友一直被这样的问题困扰：为什么调出来的照片不通透呢？有时调出来的照片会显得很闷、很脏，是不是要把照片整体的光影都调亮，照片才会变得更通透呢？答案当然是否定的。照片整体的亮度强弱与照片通透与否有一定的关系，但并非主要因素。仅为了让照片看起来通透而盲目地提亮照片整体的亮度，会损失照片的很多光影细节，甚至会失去照片本身的意境。

首先分析一下通透到底是一个怎样的概念。不考虑色彩的影响，单讲光影结构，只要黑、白、灰光影布局合理、自然，照片即可呈现出通透的效果。通透也分为两个部分：一是照片整体效果的表现，画面中的场景氛围要与观者的视觉感官相匹配；二是照片细节的表现，主要在于主体人物的光影过渡。一般来说，大场景照片强调的是整体效果，人物特写照片强调的是人物部分的光影过渡，尤其是面部的光影。

观察下面两张照片，左边是大场景的照片，整个画面唯美、大气，人物以剪影的方式呈现，整幅画面具有强烈的光影反差效果，但丝毫没有影响照片的通透感，明亮的光线在地平线的衬托下显得格外绚丽夺目。右边是半身人物照，主要强调的是人物，画面的层次感厚重，面部光影过渡得非常自然，面部高光部分相对突出，使得整个人物面部的轮廓清晰立体，也是一张比较通透的照片。这两张照片的共同特点在于它们都没有十分明亮的光效，光影的反差都比较大，这足以说明照片不是越明亮就越干净、越通透。只要控制好光影的布局，暗调的照片依然可以很通透。

提示 在修大场景的照片时，如何让照片看起来更具有空间感呢？这里与大家分享一个小技巧，那就是“夹心饼干”效果。让照片上下两端的色调暗一些，让中间地平线的部分亮一些。只要达到这个效果，就可以让大场景的照片具有非常强的视觉冲击力。

那么，是不是通透和干净的照片只存在于光影反差大的情况下呢？如果高光不突出，阴影部分没有压下去，照片就不通透了吗？针对这两个问题，笔者再给大家举个例子进行说明。

观察右边两张照片，这两张人物特写照片的光影过渡都非常柔和，并没有特别突出的高光和阴影，但是看起来依然很干净、通透，丝毫没有灰蒙蒙的感觉。仔细观察人物面部的细节光影就可以发现，这两张照片虽然没有强烈的光影对比，但是中间调都表现得非常到位，所以照片很有立体感。

那么应该如何调节中间调来表现画面的立体感呢？我们可以适当提亮亮调，压暗暗调，这样在中间调范围内就会形成微妙的光影反差，从而帮助我们把照片处理得干净、通透。

综上所述，适当地强调光影反差会让照片看起来干净、通透。其方法主要有两种：一是从画面的整体入手，合理增强高光与阴影的反差，让照片中该亮的部分亮起来，该暗的部分暗下去；二是从细节入手，调整画面的中间调，让亮调再亮一些，让暗调再暗一些。当然，影响照片干净和通透的因素不仅仅是光影反差，我们还需要多多观察和总结。

005 照片的光影反差越大就越有层次吗

我们知道，增大照片的光影反差会让照片看起来更有层次，但这并不是绝对的，有时可能会起到反作用。我们处理照片时不仅要考虑干净、通透和层次感强，还需要考虑其他的因素，如照片的风格和照片所要营造的氛围等。

观察下面两张照片，左边的照片是经过正常调修的照片，客户要求整张照片要给人柔美、清新的感觉，所以在调修的过程中，修图师并没有为照片增加太多的光影反差效果，高光部分不是很突出，阴影部分也没有很暗，而是侧重于中间调的调整。右边的照片是在左边照片的基础上增加了光影反差的效果，虽然高光突出了，阴影也压得比较重，给人的感觉也比左边照片看起来更有层次，但是整体效果并没有左边的照片看起来舒服，反倒变得非常生硬，缺少了左边照片柔美和清新的感觉。

一般情况下，照片的光影反差越大，意味着细节的损失越多。让照片的局部过亮或过暗，也会影响照片的层次。在画面中，极端的亮（白色）与极端的暗（黑色）所呈现的实际效果都会吸人眼球，但是过于极端会导致画面没有主次关系，层次混乱。所以想要调修好一张照片，需要考虑到很多细节问题。

观察右边这张照片的光影反差，这张照片的光影反差到底是大还是小呢？大多数人很难做出直接的判断。如果说光影反差小，这是一张半剪影的照片，背景的亮光部分几乎接近白色，按道理说光影反差应该是很大的；如果说光影反差大，照片却没有呈现出很强烈的对比效果，整体给人一种灰蒙蒙的感觉，按道理说光影反差应该是很小的。虽然照片呈现出一种灰蒙蒙的感觉，但整体看起来却很舒服。

其实在处理这张照片时，笔者的确给照片增加了光影反差的效果。但不同的是，笔者把照片的阴影部分提亮了，所以画面没有呈现出很生硬的感觉。这种效果叫“高级灰”，它通过补偿暗部亮度的不足，让照片达到一种有层次而不生硬的效果，这种方法非常实用。

第 2 章

02

色彩是照片的躯体

006 色彩的三要素对照片有哪些影响
007 如何搭配出好看的颜色
008 如何确定照片的色调

006 色彩的三要素对照片有哪些影响

色彩的三要素即色相、明度和饱和度。在调色的过程中，色彩三要素可以起到非常关键的作用，既可以让照片中的色彩变得更加生动，也可以让照片具备更丰富的空间感。

色相

色相是色彩的基本特征，也是我们对于所接触的色彩的第一印象。色彩的色相是千变万化的，它为照片创造了无限的活力。不同色相的搭配，会让照片有不同的感觉。下面为大家介绍不同色相搭配的例子。

补色：补色又称为撞色，是指处在色环相对位置的两种颜色，如红与青、蓝与黄和绿与品红等。将补色用于同一张照片中，能让照片产生强烈的视觉冲击力，但是运用不当也会让照片显得凌乱和花哨。

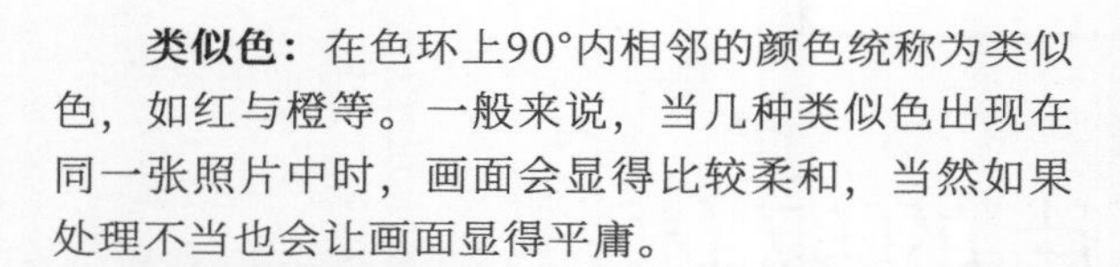

类似色：在色环上90°内相邻的颜色统称为类似色，如红与橙等。一般来说，当几种类似色出现在同一张照片中时，画面会显得比较柔和，当然如果处理不当也会让画面显得平庸。

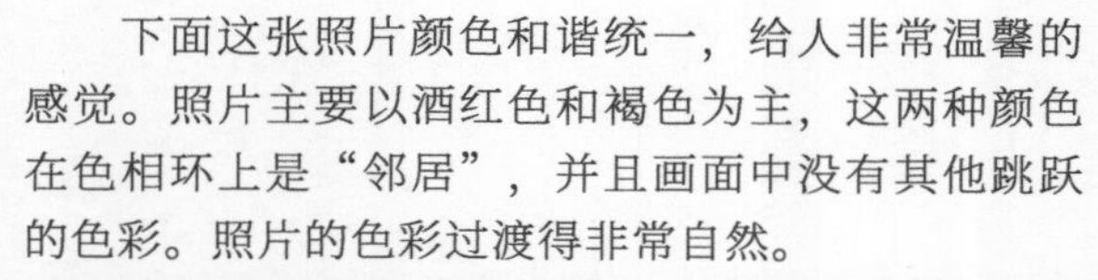

下面这张照片颜色和谐统一，给人非常温馨的感觉。照片主要以酒红色和褐色为主，这两种颜色在色相环上是“邻居”，并且画面中没有其他跳跃的色彩。照片的色彩过渡得非常自然。

下面这张照片就是运用补色增强画面效果的例子。画面中有红色的礼服、背景墙和绿色的树叶。红色和绿色在色相环中是距离比较远的两组颜色，所以当画面中同时出现这两种颜色的时候，就形成了一组补色。补色增强了画面的视觉冲击力，让画面充满生机。补色往往会被运用于时尚风格的照片中，非常引人注目。

明度

不同的明度赋予了色彩不同的属性，也让照片具备了色彩层次。在右边这张照片中，人物白皙的肤色和深红色的裙子形成了强烈的明度对比，使得画面中的人物非常突出。人物肤色的明度高，因此人物整体变得干净、白皙；裙子的明度低，因此变得厚重而有质感。

明度对色彩有很大的影响，它可以让相同的色相呈现出不同的特征。所以在调色的过程中，我们可以利用明度去控制照片中的不同色彩，让照片呈现出不一样的效果。▶

饱和度

色彩的饱和度（即色彩纯度）会影响人们对色彩的注意力。高饱和度的色彩饱满，会让画面变得艳丽，但是饱和度太高也会让画面的色彩变得凌乱；低饱和度的色彩暗淡，会让画面变得素雅，但是饱和度太低也会让画面看起来陈旧，没有生机。高饱和度的颜色很吸人眼球，但是如果把高饱和度的颜色用在照片的背景中，就会产生喧宾夺主的感觉。

那么，在处理照片时就不能出现高饱和度的色彩了吗？其实，饱和度和明度的高低在一张照片中是相对的，只要把握好比例，照片的色彩看起来就会很和谐。看下面这张照片，低饱和度的色彩占据了画面的大部分区域。低饱和度的肤色看起来很干净，书包中红玫瑰的饱和度也被降低了，整体的画面给人温和宁静的感觉。这就是低饱和度色彩所带来的视觉效果。

提示 虽然将色彩的属性进行调整之后的画面会呈现不同的视觉效果，但是要注意画面风格的统一，否则会导致整个画面不协调。

在右边这张照片中，画面整体的饱和度非常高。高饱和度的色彩让画面变得鲜艳、张扬和富有活力。那么在整体色彩都属于高饱和度的情况下，想要保证照片的层次，让高饱和度的背景不那么抢眼，就需要降低色彩的明度了。即便照片中的色彩饱和度很高，只要降低色彩的明度，色彩的视觉冲击力被削弱，画面就不会显得很突兀。▶

007 如何搭配出好看的颜色

如何把颜色搭配得更好看，这是令很多修图师感到头疼的问题。其实，只要认真观察一些好的作品并善于总结，就可以找到一些基本的色彩搭配规律。在上一问中，讲解了两种主要的色相关系——补色和类似色。其实，这也是主要的色彩搭配方法。接下来就为大家讲解这两种色彩搭配的方法。

补色搭配

我们知道，补色的特性是色相反差大，会给人一种很强的视觉冲击力。在实际的色彩运用中，我们不仅要考虑色相的问题，还要考虑色彩的其他属性。下面来看两张时尚风格的照片，主要观察一下照片中补色的色彩明度。

通过对照片中的补色进行分析，我们不难发现，照片中的补色主要是以低明度的色彩呈现的。试想一下，如果把低明度的色彩换成高明度的色彩，那么画面就会变得花哨，没有厚重感，也失去了时尚风格照片应具有的色彩个性。

类似色搭配

类似色搭配的方法常用于清新淡雅风格照片的处理。类似色的色彩明度也会影响照片整体色彩的搭配。同类色搭配主要以淡色系为主，且画面中不应超过3种主色调。看下面这张照片调色前后的对比效果，是不是觉得淡雅的色彩看起来更清爽自然呢？

下面这张照片使用了类似色的搭配方法，变得十分清新和淡雅。照片中皮肤的肉色和薰衣草的淡紫色都是高明度的颜色，将这两种颜色搭配在一起后，照片会给人一种非常清新淡雅的感觉。

左图中，照片的色调非常亮丽、清晰，草地和皮肤的色彩组合让照片看起来非常和谐。

R:237
G:244
B:173

R:198
G:153
B:155

提示

在实际调色的过程中，补色和类似色的概念是相对的。如冷色系与暖色系的颜色搭配可称为补色搭配，更确切地应该称为撞色搭配。暖色系与暖色系、冷色系与冷色系的颜色搭配可称为类似色搭配，如蓝与黄、红与橙等。

色彩的搭配方法有很多种，这里只列举了两大类，在第10章会为大家进行有针对性的讲解。其实在色彩的世界里，更多的是感性与抽象的概念，大家要以美作为出发点，不要被太多的条条框框束缚了想法。

008 如何确定照片的色调

很多人在拿到一张陌生的照片时，会纠结于照片色调的确定。其实，我们只需要根据这张照片呈现出来的一些信息，就可以很轻松地为照片定调了。

我们一起来解读一下下面这张照片所蕴含的信息。首先，分析照片的风格，从服装的款式上看，这是一件时尚风格的礼服；然后观察照片的色彩构成，衣服是暖黄色的，背景中的植物是绿色的，整张照片的色彩具有层次感。那么针对这两点信息，基本上就可以为照片定调了。

既然照片属于时尚风格，那么就要根据时尚风格的色彩特征进行配色，并确定好这张照片中的两种主色调。通过学习上一问的内容我们可以知道，降低画面中颜色的明度会让画面看起来更厚重、更时尚。将撞色运用到这张照片上，就可以将照片处理为时尚的风格。与左图相比，右边调色后的照片显得更厚重、更有质感。同时还要结合第1章讲解的光影知识，将照片光影的厚重感体现出来（关于具体的处理方法，笔者会在第4章中为大家讲解）。

看下面的照片，按照同样的调色思路来确定照片的色调。首先，分析照片的风格，从服装的款式上看，白纱和西装并没有凸显出明显的风格，人物的肢体语言和表情神态给人一种幸福的感觉；然后观察照片的色彩构成，画面中有五颜六色的气球和深绿色的植物。

那么，如何控制好照片中的颜色，让画面看起来更符合照片的风格呢？此时，我们可以运用类似色的搭配，把照片处理得淡雅、清爽。类似色的宏观概念是把不同的颜色，甚至是撞色系的颜色调得较为和谐，主要还是通过提高色彩明度和调整色相来进行调整。

我们将这些高明度的色彩运用到画面当中，能提高原片色彩的明度，并适当调节色相反差比较大的颜色，其中主要包括皮肤、植物和各种气球的颜色。观察调整后的照片，是不是比原片更加淡雅和清爽了呢？所以，不管照片中原来的色彩有多少种，只要始终保持一个原则——削弱画面的颜色，就能保证照片看起来干净和通透。

提示 在配色的时候也有一些小技巧。如果是时尚硬朗风格的照片，那么色彩搭配的基本原则就是运用低明度的撞色；如果是淡雅柔美风格的照片，那么色彩搭配的基本原则就是运用高明度的统一色调。

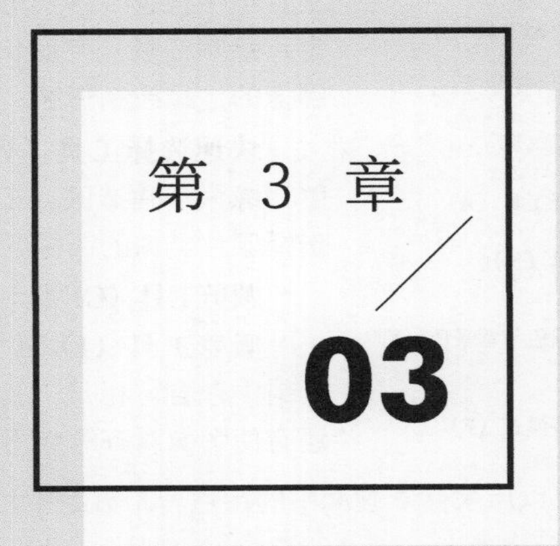

后期处理必备的基本工具

009 Photoshop中常用的工具有哪些
010 如何使用“钢笔工具”
011 如何使用“减淡工具”与“加深工具”
012 如何使用“污点修复画笔工具”和“修补工具”
013 如何使用“历史记录画笔工具”
014 如何使用“混合器画笔工具”

009 Photoshop中常用的工具有哪些

本书的案例操作使用的软件是Photoshop CC 2018。在Photoshop CC 2018中，大家会惊奇地发现，当把鼠标指针移动到某个工具图标上并进行短暂停留后，就会出现该工具的动态演示，这给无软件基础者带来很大的便利。

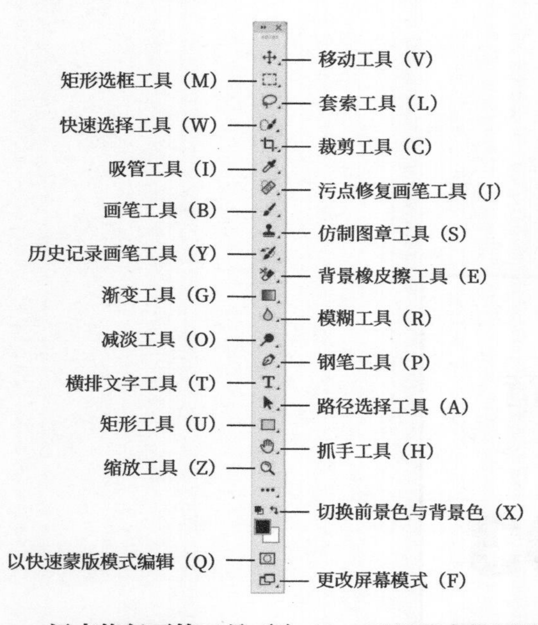

移动工具（V）：可以用来移动图片中被选中的某个板块或者某个图层中的文件。

矩形选框工具（M）：可以用来选择图片中的某个矩形区域。工具组中包含“椭圆选框工具”，用来选择图片中的某个椭圆或圆形选区。

套索工具（L）：可以用来画出任意形状的选区。工具组中包含“多边形套索工具”，用来根据需要自行定点绘制任意几何形状；“磁性套索工具”，用来吸附图像的边缘绘制选区。

快速选择工具（W）：可以通过查找和追踪图像的边缘来创建选区。工具组中包含“魔棒工具”，用来选择颜色类似的图像区域。

裁剪工具（C）：可以用来裁切或者扩展图像的边缘。

吸管工具（I）：可以用来从图像中吸取颜色。工具组中包含“标尺工具”，用来精确定位图像或元素，还有使图像对齐等作用。

污点修复画笔工具（J）：可以用来修复画面中的污点。工具组中包含“修补工具”，通过选择其他区域的图案或纹理来代替选定区域。

画笔工具（B）：可以用来在画布上绘制图画。工具组中包含“混合器画笔工具”，用来绘制出逼真的手绘效果。

仿制图章工具（S）：可以用来复制取样的图像。

历史记录画笔工具（Y）：可以将图像还原至操作之前的状态。

背景橡皮擦工具（E）：可以用来抹除取样颜色的像素。

渐变工具（G）：可以用来创建颜色之间的渐变混合效果。

模糊工具（R）：可以用来模糊图像中的某个区域。工具组中包含“锐化工具”，用来锐化图像中的某个区域；涂抹工具，用来涂抹或软化图像中某个区域的颜色。

减淡工具（O）：用来调亮图像中的某个区域。工具组中包含“加深工具”，用来压暗图像中的某个区域；海绵工具，用来降低图像中某个区域的色彩饱和度。

钢笔工具（P）：可以通过锚点和手柄来创建和更改路径或形状。

横排文字工具（T）：可以用来在图像上创建文字。

路径选择工具（A）：可以用来选中整条或多条路径进行变换。

矩形工具（U）：可以用来绘制矩形图形。工具组中包含其他形状的工具。

抓手工具（H）：可以用来将画面进行平移。

缩放工具（Z）：可以用来放大或缩小图像。

切换前景色与背景色（X）：可以用来切换前景色和背景色。

以快速蒙版模式编辑（Q）：可以让图像整体或局部进入快速蒙版模式编辑。

更改屏幕模式（F）：可以在标准屏幕模式、全屏模式和带有菜单栏的全屏模式3种模式之间快速切换。

以上罗列了Photoshop中常用的工具。在后面的章节中，大家可以看到各工具的具体用法。

010 如何使用“钢笔工具”

虽然Photoshop中有很多工具，但在实际工作中常用的并不多。这里主要讲解“钢笔工具”的使用方法。“钢笔工具”是用来创建锚点和选区的，下面我们来看看具体的使用方法。

案例：处理画面中难看的阴影

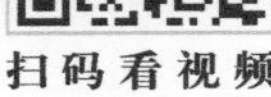

• 视频名称：处理画面中难看的阴影　• 源文件位置：第3章>010>处理画面中难看的阴影.psd

在下面这张照片中，女士的裙子上有难看的阴影，此时可用“钢笔工具”进行处理。先选出画面中需要处理的部分，然后调整局部的色彩。

01 用“钢笔工具”沿着女士衣服和背景的分界线进行勾勒，仔细地把有阴影的部分选出来。

提示　羽化的快捷键是Shift+F6，羽化的作用是让选区的边缘更柔和，不产生明显的锯齿感。羽化半径越大，选区的边缘就越柔和。

02 使用快捷键Ctrl+Enter闭合路径生成选区，然后对选区进行“羽化”处理。执行“选择>修改>羽化”菜单命令，在弹出的对话框中设置“羽化半径”为1.5像素，选择“仿制图章工具”，设置“不透明度”为60%，然后使用Alt键点选衣服周围的纹理，接着单击需要修饰的部分，即可把有阴影的地方去除掉。

011 如何使用“减淡工具”与“加深工具”

这里主要讲解“减淡工具”和“加深工具”的使用方法。先来讲解“减淡工具”的使用方法，当选择“减淡工具”时，相对应的工具选项栏中便会显示“范围：中间调”“曝光度：100%”（除了这两个选项外的其他选项可暂时忽略）。这时，“减淡工具”的效果作用于“中间调”范围。

“中间调”的范围是比较广的，当我们用“中间调”范围去减淡照片中的某个区域时，那么几乎整个区域的颜色都会被减淡，整张照片也不会有明显的层次感。

我们可以更改工具选项栏的参数，将“范围”改为“高光”，此时“减淡工具”的效果就会作用于“高光”范围，营造出照片中高光、中间调与暗调之间的层次。同时，还需把“曝光度”降低，将数值设置为10%，否则高光减淡的效果会过重。

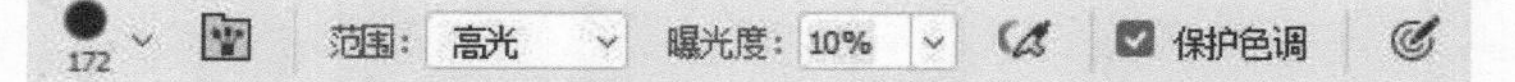

那么，更改“减淡工具”的工具选项栏的“范围”和“曝光度”的前后会有什么样的变化呢？看下面的3张照片，对比更改“范围”和“曝光度”前后的效果会发现，设置“范围”为“中间调”，“曝光度”为45%时，照片中的建筑看起来很白，光影很平，没有层次感；设置“范围”为“高光”，“曝光度”为10时，建筑看起来很亮，中间调和暗调的亮度没有变化，高光被提亮了，建筑看起来很有层次感。

原图

范围：中间调；曝光度：45%

范围：高光；曝光度：10%

同样的道理，设置“加深工具”的“范围”为“阴影”，“曝光度”为10%时，“加深工具”主要作用于照片中“阴影”的范围，也可以让照片变得有层次感。这时再次进行对比会发现，设置“加深工具”的作用“范围”为“阴影”后，照片所表现出的层次感明显比范围为“中间调”时要好很多。

范围：中间调；曝光度：45%

范围：阴影；曝光度：10%

想象一下，如果在照片中的同一个区域同时运用“加深工具”与“减淡工具”，并将作用“范围”分别设置为“阴影”和“高光”，会出现什么样的效果呢？我们可以看下面两组照片。通过对比可以发现，建筑的光影发生了明显的变化，建筑有了明显的质感。由此可见，合理使用“加深工具”与“减淡工具”十分重要。

原图

同时使用“加深工具”与“减淡工具”处理后

原图

同时使用“加深工具”与“减淡工具”处理后

“加深工具”与“减淡工具”在日常工作中的使用更侧重于修饰照片局部和增强照片质感，如修饰海岸上的礁石细节和增强皮革制品的纹理质感等。

012 如何使用“污点修复画笔工具”和“修补工具”

在Photoshop中，有很多工具可以用来修饰人物的皮肤和画面的背景，如“仿制图章工具” 、“污点修复画笔工具” 和“修补工具” 等。这里将重点讲解“污点修复画笔工具” 和“修补工具” 的使用方法。

先来了解一下“污点修复画笔工具” 的使用方法。它的使用方法很简单，只需在画面中单击一下想要修复的位置即可。它擅长于修饰瑕疵和纹理面积较小的部分，如皮肤上的痘痘。

在处理下面这张照片时，利用“污点修复画笔工具” 就可以轻松地处理掉人物面部的痘痘。需要注意的是，在操作时应尽量把画笔调小，调至与痘痘一样大小。这样不但操作流畅，而且修复后的皮肤效果也会非常自然。

接下来了解一下“修补工具” 。首先，“修补工具” 的作用范围可以自定义，以选区的形式呈现，操作起来比较灵活，我们可以根据要修饰部分的形状来画出选区。其次，在使用“修补工具” 时，需要拖曳目标选区至周围相对平整的图像部分，以此替换当前的选区，从而去除不理想的纹理。在这一点上，它似乎比“污点修复画笔工具” 的操作更烦琐。

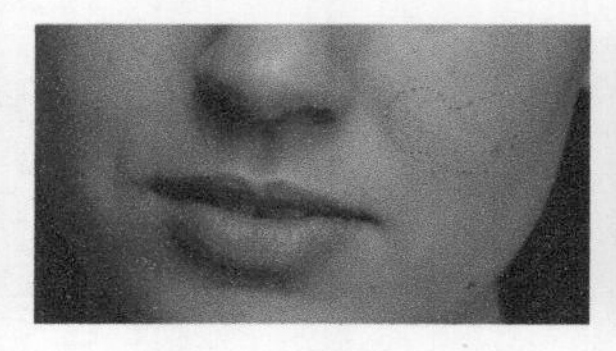

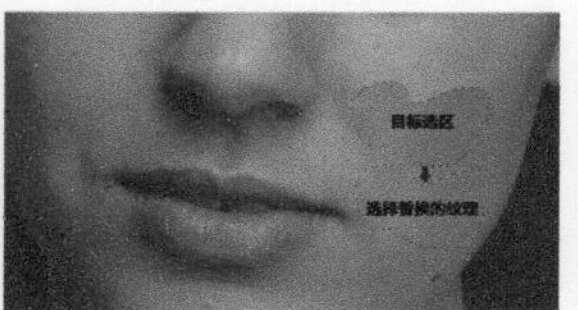

以上的例子是不是说明“污点修复画笔工具” 比“修补工具” 好用呢？当然不是。在修补形状规则的污点和痘痘方面，“污点修复画笔工具” 的功能确实更强大，但在处理一些不规则区域的时候，“修补工具” 会更实用。下面看具体的例子。

案例：处理画面中难看的木头

扫码看视频

• 视频名称：处理画面中难看的木头　• 源文件位置：第3章>012>处理画面中难看的木头.psd

下面这张照片中，需要处理画面左上方难看的木头。我们看一下“修补工具”和“污点修复画笔工具”哪个更加方便有效。

01 使用“污点修复画笔工具”涂抹整个木桩，仔细观察会发现木桩有明显的错位感，反复涂抹了几次，还是无法得到满意的结果。

02 使用“修补工具”来处理，此时“修补工具”自由灵活的取样方式得到了充分发挥。先在工具选项栏中单击“目标”按钮，选择一块木头的纹理，然后将其拖曳到需要处理的木头处，替换掉木头，这样就轻松得到了完美的效果。

“污点修复画笔工具”和“修补工具”这两个工具各有特点，熟悉它们的特点，有助于提高我们修图的效率。

013 如何使用“历史记录画笔工具”

大多数人都知道“历史记录画笔工具”，但在日常工作中很少有人用到。“历史记录画笔工具”的主要作用是把照片恢复到未经过操作之前的状态。

“历史记录画笔工具”要配合“历史记录”面板来使用。在默认情况下，“历史记录”会记录20个步骤，我们可以执行“编辑>首选项>性能”菜单命令，在“历史记录状态”数值框中设置要记录的步骤数。记录的步骤数值越大，所占用计算机的内存就越大。

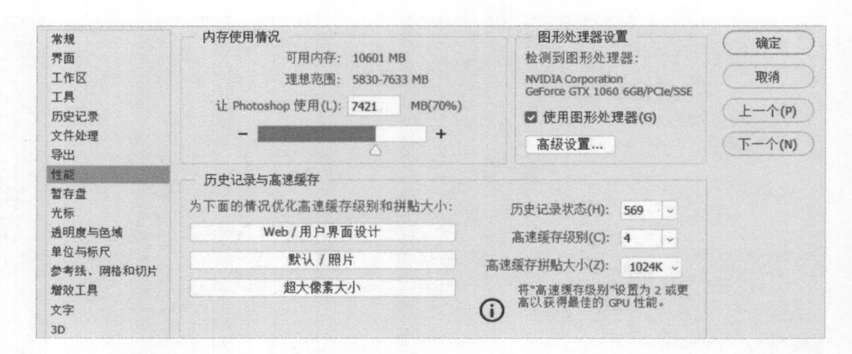

案例：将照片的背景处理为黑白的效果

扫码看视频

• 视频名称：将照片的背景处理为黑白的效果　• 源文件位置：第3章>013>将照片的背景处理为黑白的效果.psd

在下面这张照片中，如果想让背景变成黑白的效果，让人物保留彩色的效果，就可以运用“历史记录画笔工具”来改变画面中的颜色。

01 打开需要处理的照片，执行“图像>调整>去色”菜单命令，对图片进行去色处理。

02 执行“滤镜>像素化>晶格化”菜单命令，在弹出的“晶格化”对话框将“单元格大小”设置为30，然后单击“确定”按钮，即可得到一张非常具有艺术效果的黑白照片。

03 打开“历史记录”面板，就可以看到对这张照片进行的所有操作，可以发现照片缩略图前带有“历史记录画笔工具”的图标，这代表记录点的位置。选择“历史记录画笔工具”，擦除照片中人物的部分，被“历史记录画笔工具”擦除的部分就会恢复到原始的效果。仔细将人物部分全部擦除后，就能得到想要的效果。

客观来讲，运用“历史记录画笔工具”制作的效果，通过其他工具也可以制作出来，但是在很多实际操作的过程中，“历史记录画笔工具”最重要的意义在于恢复操作步骤上的失误。单凭这一点，就没有其他工具可以完全取代“历史记录画笔工具”。

014 如何使用“混合器画笔工具”

“混合器画笔工具”的功能非常强大，主要用于绘画方面，可以用来绘制出逼真的手绘效果，是较为专业的绘画工具。在工具选项栏中可以设置笔触的“颜色”“潮湿”“混合”等，就如同画师在绘制水彩或油画的时候调节颜料的颜色和浓度一样。下面为大家讲解“混合器画笔工具”的使用方法。

提示

“混合器画笔工具”的工具选项栏中的各参数含义如下:

“当前画笔载入”是指选取想要与图中混合的颜色;

“每次描边后载入画笔”是指每次混合完毕后,都会自动载入刚刚用过的画笔颜色;

“每次描边后清理画笔”是指每次描边后,都可以保证画笔颜色不会改变;

“潮湿”是指画布的油彩量;

“载入”是指混合器画笔所载入的油彩量;

“混合”是指选取的油彩量和画布的油彩量的混合比例;

“流量”是指画笔流出色彩的多少。

案例：处理裙子上的褶皱

• 视频名称：处理裙子上的褶皱　　• 源文件位置：第3章>014>处理裙子上的褶皱.psd

看下面这张照片，人物的裙子上有很多褶皱，无论是用“修补工具”还是“污点修复画笔工具”都很难处理。此时，可使用“混合器画笔工具”进行处理。

01 打开需要调整的照片，然后选择“混合器画笔工具”，按住Alt键，单击裙子上的任意位置，工具选项栏中的“当前画笔载入”色块就变成了裙子的颜色，再使用“混合器画笔工具”涂抹裙子上的褶皱。在涂抹褶皱时需要注意，不要破坏裙子的光影结构，沿着裙子的光影结构由上至下涂抹即可，切记不要反复涂抹，否则容易把光影涂平。经过仔细涂抹之后，就可以很完美地把裙子上的褶皱处理掉，并且让裙子看起来更加柔和细腻。

提示　“混合器画笔工具”的使用方法类似于“仿制图章工具”，但是“混合器画笔工具”不需要像“仿制图章工具”那样不停地按Alt键进行取样。它不同于“仿制图章工具”有保留纹理的作用，它只会把色块抹平，所以使用时要尤其注意原照片的光影结构变化。

02 在涂抹的过程中，还可以直接单击“当前画笔载入”选项来吸取某种颜色。例如，我们在修复这张照片的时候，发现裙子的光影不是很明显，那么可以吸取裙子上的高光颜色涂抹裙子上的高光部分，吸取裙子上的阴影颜色去涂抹裙子上的阴影部分。这样裙子的光影反差看起来会更明显，裙子整体更有层次感和光泽感。

“混合器画笔工具” .除了可以处理衣服上难看的褶皱，还可以处理其他问题。例如，处理人物的皮肤、修饰墙面上的划痕和修饰飘逸的大飘纱等。

第 4 章

04

神奇的调色工具

015 常用的调色命令有哪些
016 “曲线”命令与“色阶”命令有何异同
017 “可选颜色”命令有哪些特别的功能
018 “色彩平衡”命令有什么作用
019 “黑白”命令仅仅用于去色处理吗
020 “渐变映射”命令有哪些作用
021 “曝光度”命令有什么特别之处吗
022 如何使用“色相/饱和度”命令

015 常用的调色命令有哪些

本问为大家简单介绍一下常用的调色命令。执行“图像>调整”菜单命令，即可看到常用的调色命令，单击任意一个命令，就可以弹出该调色命令的对话框。除了可以在菜单栏找到这些调色命令，我们还可以单击“图层”面板下方的“创建新的填充或调整图层”按钮，在弹出的菜单中找到它们。

下面为大家讲解常用调色命令的基本操作方法。

可选颜色：用来单独调整照片中某一种颜色，而不影响其他颜色。“颜色”下拉列表框中有“红色”“黄色”“绿色”“青色”“蓝色”等9种颜色选项，我们可以对这9种颜色中的“青色”“洋红”“黄色”“黑色”进行调整，在画面中抽取某种色彩或增加某种色彩，同时还可以对画面的明度进行调节。

曲线：用来调节“RGB”或单独通道的色彩。同时，可以通过调节节点来控制画面中任意局部的亮度或颜色。在“曲线”对话框中可以任意添加节点，以此来调节该节点所影响范围的明暗与色彩。默认的色彩通道是“RGB”，除此之外，还有“红”“绿”“蓝”3个通道。

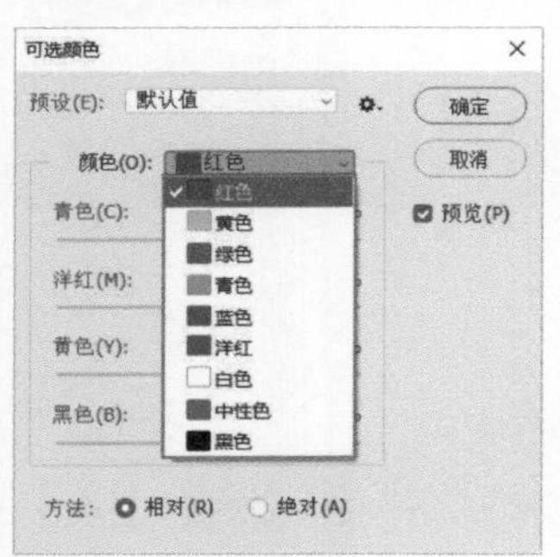

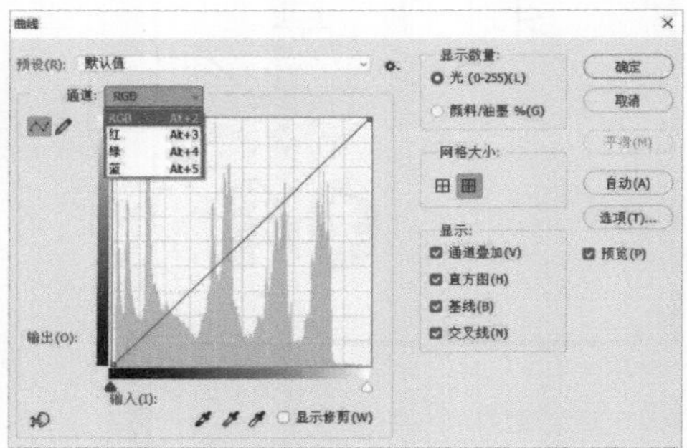

色彩平衡：可以借助色彩滑块对图像的基础颜色进行校正，但不能精确地控制单个颜色的成分。默认状态下，“色调平衡”为“中间调”，可以勾选“阴影”和“高光”选项，针对不同的光影区域进行色彩校正。

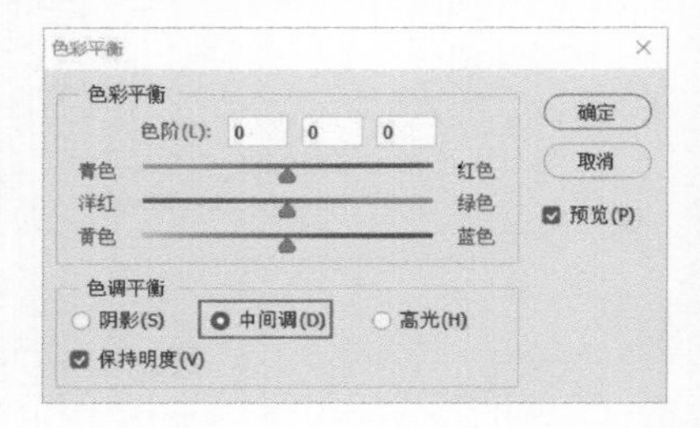

色相/饱和度：根据具体需要可对“全图”“红色”“黄色”“绿色”“青色”“蓝色”“洋红”的色彩属性进行调整。

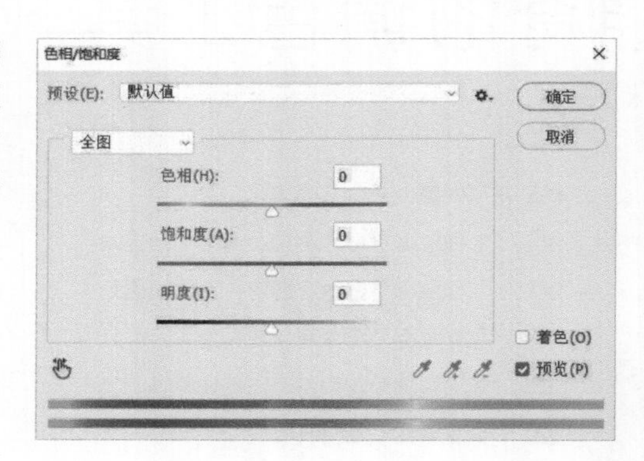

色阶：与“曲线”的操作方法相似。在“RGB”通道中，通过滑动黑、白、灰3个滑块来控制照片中黑、白、灰关系，在其他色彩通道中可改变照片的色彩关系。

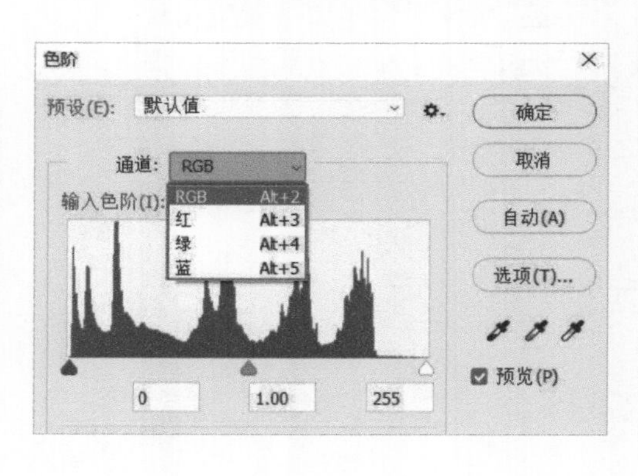

黑白：可以去掉照片中的色彩，让彩色照片变成一张黑白照片。同时，可以利用对话框中的6个色彩滑块来调节照片中不同区域色彩的明度，从而让黑白照片更有层次感。

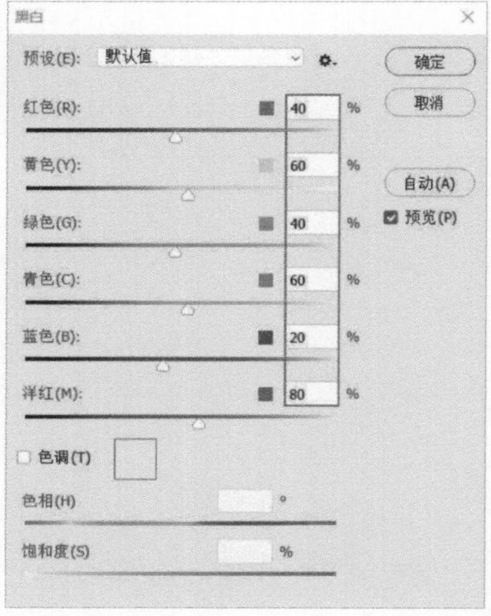

016 “曲线”命令与“色阶”命令有何异同

很多人觉得“曲线”与“色阶”是两个极其相似的调色命令，其实它们是有区别的。在调色的过程中，何时应该使用“曲线”，何时应该使用“色阶”，下面为大家进行具体讲解。

“色阶”是用来调整图片明暗程度的命令。通过对“色阶”的调整，我们可以将照片中亮的地方提亮，将暗的地方压暗。在“色阶”对话框中可以看到，“通道”中有“RGB”“红”“绿”“蓝”4种模式。“输入色阶”下面分别是黑色、灰色和白色的滑块，黑色代表阴影，灰色代表中间调，白色代表高光，拖动这些滑块就可以调整图片的明暗程度。“输出色阶”由黑色到白色的渐变色条构成，拖动两边的滑块可以快速调整图片的明暗，也可以单击对话框中的“自动” 自动(A) 按钮，由软件自动处理图片的明暗。

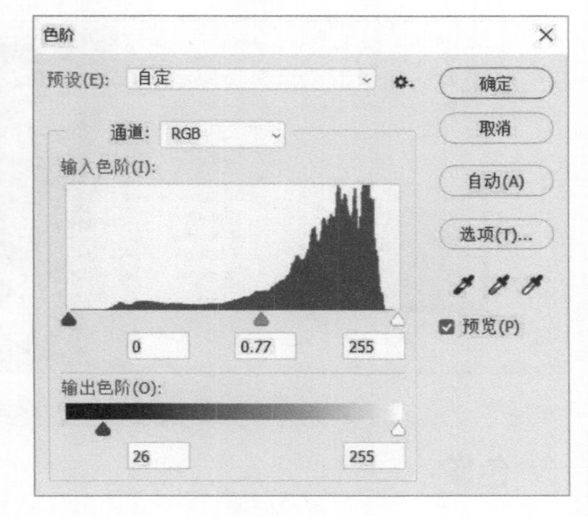

“曲线”命令的运用非常广泛，不仅可以用来调整图片的明暗程度，还可以用来校正图片颜色、增强图片对比度和制作一些特殊的效果。在“曲线”对话框中可以看到，这条曲线的变化方式有很多种，它可以由上至下分别控制图片的高光、中间调和阴影。在相应的位置将这条曲线向上或向下拖动，就可以改变某个区域颜色的明暗。同时，在这条曲线上可以创建多个调节点，使得操作更加灵活，这样调整出来的画面整体的色调会更加统一和自然。

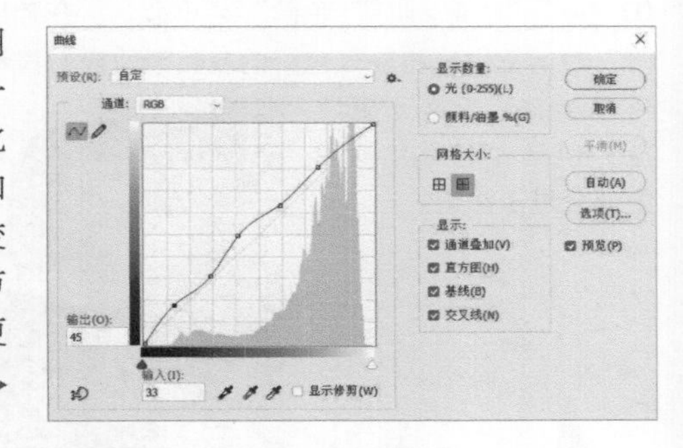

通过以上内容的讲解，可能很多人还是没有明白“色阶”命令和“曲线”命令到底有什么区别。简单来说，“色阶”命令更擅长控制画面的明度，“曲线”命令比较灵活，擅长控制画面的色调和对比度等。它们之间的差距总体来说并不是特别明显，关键是我们如何去运用这两个命令。

举个例子，增加右边这张照片的厚重感，且不让画面太亮。分别使用“色阶”命令和“曲线”命令进行调整，对比判断哪种命令的效果更好。

提示

在调整之前，首先要理解照片的厚重感是如何形成的。影响照片厚重感的因素主要是照片中的高光和中间调，如果照片的高光过于犀利，就会使照片整体过于明亮，从而缺乏厚重感；如果照片的中间调过于明亮，就会使照片整体明度过高，从而缺乏厚重感。

曲线

01 打开需要调整的照片，执行“图像>调整>曲线”菜单命令，在弹出的“曲线”对话框中，在高光部分增加节点并向下拖动，让高光部分暗下去，此时照片明显没有之前亮了，但是显得比较闷，不够通透。

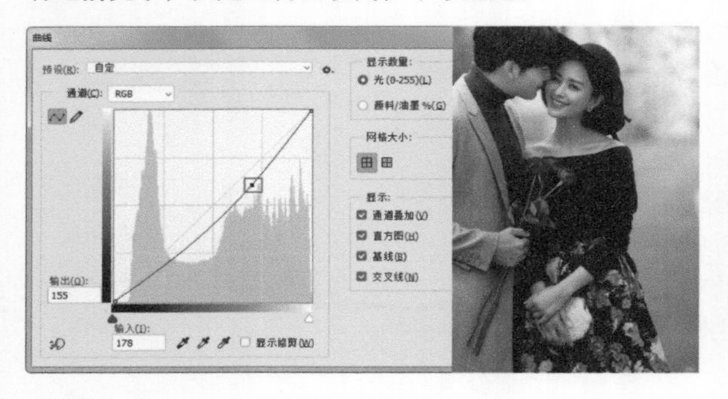

02 在“曲线”的阴影部分增加节点并向下拖动，让阴影部分也暗下去，让高光部分和阴影部分形成一定的反差。此时照片看起来舒服多了，整体有了一定的厚重感，也有了层次感，并且没有影响照片的光影结构。

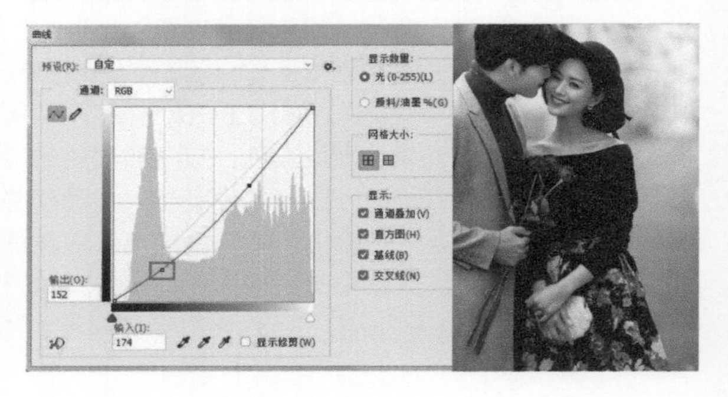

色阶

01 执行“图像>调整>色阶”菜单命令，在弹出的“色阶”对话框中，将输入色阶的灰色滑块向右滑动，同样可以让照片看起来更厚重，但是此时照片的阴影部分过于浓重。

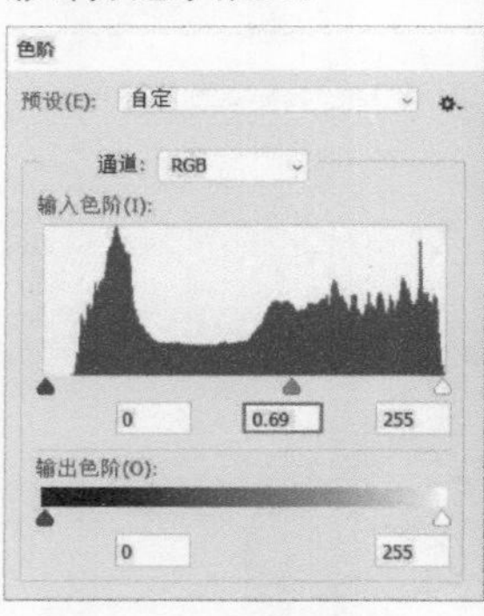

02 设置“输出色阶”的参数，将黑色滑块向右滑动，让照片中的阴影部分比例减少，这时就可以看到照片整体的阴影部分已经没有那么浓重了，照片看起来更自然了。

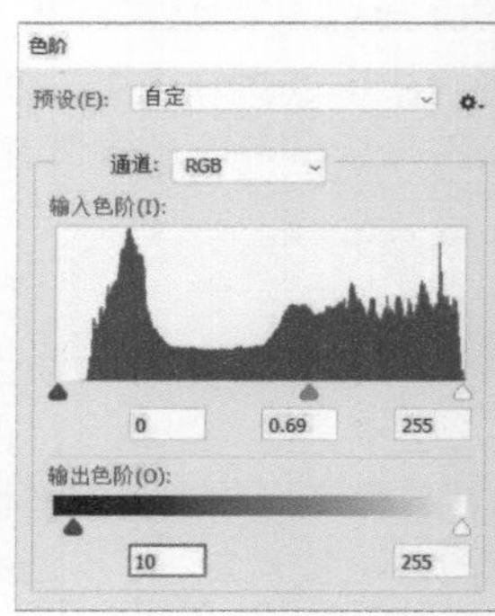

将使用这两种命令调整后的照片放在一起进行对比，可以看到，这两张照片的差异并不是特别明显，几乎都达到了想要的效果。但是仔细观察会发现，使用“曲线”命令调整后的照片看起来更通透，光影过渡更强烈；而使用“色阶”命令调整后的照片看起来不是很通透，但是光影过渡平缓，很自然。换言之，“曲线”命令会让照片看起来更有层次感，让照片有更通透的效果；“色阶”命令会让照片的光影过渡平缓，更适合制作柔和的质感效果。当然，在调整的过程中，会有一些人为因素的影响，不能保证绝对的客观性。

调色本身就是一个感性的创作过程，没有规定必须要用到哪些工具。不同的人可以把同一张照片调出不同的效果，并且每一种效果都可能是非常漂亮的。

017 “可选颜色”命令有哪些特别的功能

本章015问为大家简单介绍了“可选颜色”命令的基本原理。这里将着重为大家讲解“可选颜色”命令的使用方法。“可选颜色”是一个非常强大的调色命令，它对于色彩的控制力是其他工具无法比拟的。相信大多数人对于“可选颜色”命令的操作方法不太熟悉。“可选颜色”命令的主要功能有3种，下面分别进行讲解。

“可选颜色”命令的第1种功能：让局部色彩的色相和明度更均匀和统一。这是“可选颜色”命令最常用的一个功能，在处理人物肤色的时候，运用尤其广泛。我们看下面的例子。

案例：让人物的肤色变得更均匀

• 视频名称：让人物的肤色变得更均匀　• 源文件位置：第4章>017>让人物的肤色变得更均匀.psd

扫码看视频

下面这张照片中人物胸前部分的颜色比较暗，而且色彩相对面部来说偏红，只有把胸前部分的颜色和人物面部的颜色处理得相接近，看起来才会舒服。在这样的情况下，大多数人会选择使用“曲线”命令直接将胸前部分提亮。但是这样操作会出现一些问题，如果没有处理好提亮的范围，就会出现亮度不均匀的情况，即便亮度处理得很均匀，也不能解决色相不同的问题。类似这样的问题，建议使用“可选颜色”命令进行处理。

01 打开需要调整的照片，使用“套索工具”将人物的脖子和胸前颜色比较暗的部分选中，然后单击鼠标右键，在弹出的菜单中选择“羽化”命令，在弹出的“羽化选区”对话框中将“羽化半径”设置为30像素。

02 执行“图像>调整>可选颜色”菜单命令，在弹出的“可选颜色”对话框中设置“颜色”为“红色”。设置“洋红”为-10%。可以看到，此时选区内的色彩与之前相比没有那么红了，但是整体的亮度没有任何改变。

提示　想在画面中需要去掉哪种颜色，就在“颜色”选项中选择哪种颜色。现在选中部分的颜色与面部颜色都偏红，所以在“颜色”选项中选择了“红色”。

03 将“黑色”滑块向左滑动，可以发现选区内的颜色越来越亮，慢慢接近面部颜色的亮度。考虑到胸前颜色的亮度不能高于面部，将“黑色”参数设置为-35%即可。

提示 很多人可能会问，为什么要减去黑色呢？我们知道，色彩的明度是由色彩中混合的黑色和白色决定的。色彩中混合的黑色越多，明度就越低；色彩中混合的白色越多，明度就越高。当抽取色彩中的黑色时，其实就等同于在色彩中增加白色，提高了色彩的明度，最终让胸前部分的颜色接近于面部的颜色。

“可选颜色”命令的第2种功能：对色彩的纯度进行增强，让某种色彩变得更干净和纯粹。我们看下面的例子。

案例：让画面的颜色变得更纯

• 视频名称：让画面的颜色变得更纯　• 源文件位置：第4章>017>让画面的颜色变得更纯.psd

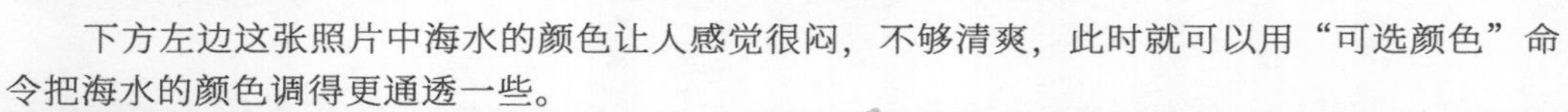

下方左边这张照片中海水的颜色让人感觉很闷，不够清爽，此时就可以用“可选颜色”命令把海水的颜色调得更通透一些。

01 打开需要调整的照片，执行“图像>调整>可选颜色”菜单命令，在弹出的“可选颜色”对话框中的“颜色”选项中找到与当前海水颜色相似的“青色”。由于不同色相的颜色混合，尤其是某种颜色中混有补色，会让颜色变“脏”，因此可以通过“可选颜色”命令的提取功能，让某种色彩变得纯粹，从而让照片看起来清爽、干净。

02 同样，想让照片中的草地看起来更绿，可以在“颜色”选项中选择“绿色”，然后抽掉“绿色”的补色——“洋红”，适当再加一些“青色”，这个时候草地就变得更绿了。

“可选颜色”命令的第3种功能：控制照片中的光影层次，并分别调整照片中不同光影区域的色彩。我们看下面的例子。

案例：让画面的光影层次感更强

扫码看视频

• 视频名称：让画面的光影层次感更强　• 源文件位置：第4章>017>让画面的光影层次感更强.psd

使用“可选颜色”命令可以同时控制照片的光影层次和色彩层次，一起来看看下图是怎么处理的。

01 打开需要调整的照片，执行“图像>调整>可选颜色”菜单命令，在弹出的“可选颜色”对话框中的“颜色”选项中选择“白色”，然后滑动“洋红”和“黄色”滑块，照片中的白色区域就会被设置的色彩所替代，此时照片中就不再有白色了。

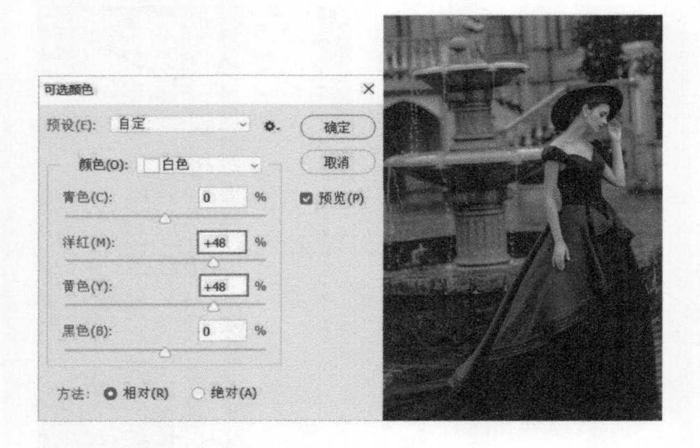

02 向右滑动“黑色”滑块，画面中的白色区域会减少，甚至消失。将“黑色”滑块向左滑动时，画面中的白色区域会增加，照片会变得更加明亮。所以当照片太亮的时候，往往是高光中的白色面积太大，可以通过“可选颜色”命令来减少照片中白色的面积；当照片太暗或者太闷时，可以通过“可选颜色”命令来增加照片中白色的面积，让照片亮起来。这样照片的光影层次就会更明显，照片看起来就会更通透。

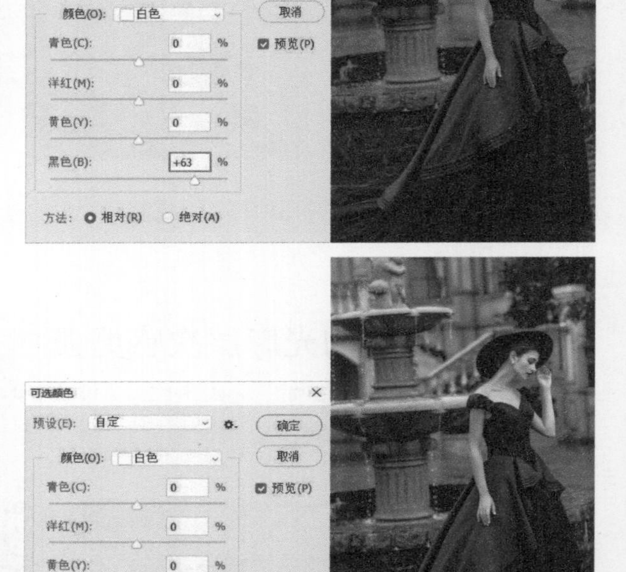

03 来看一下“中性色”的效果。在“颜色”选项中选择“中性色”，然后向右滑动“洋红”和“黄色”滑块，照片的中间调的色彩就会随之改变。

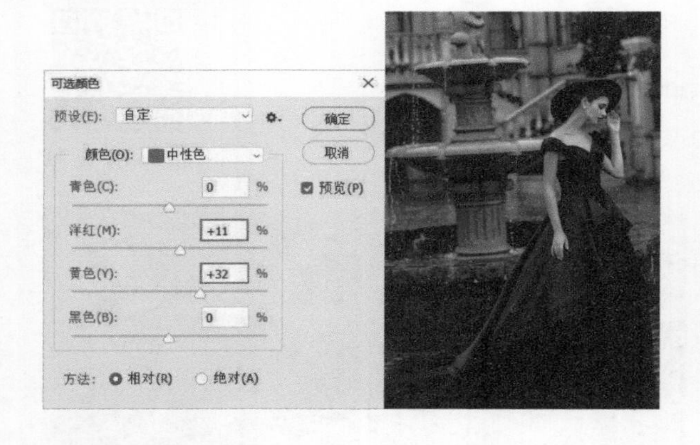

04 滑动“黑色”滑块可以调节照片的中间调的明暗。如果照片看起来很亮或很平，就可以在“中性色”中增加“黑色”，这样就会出现比较厚重的画面效果；如果照片看起来比较暗，“中间调”光影反差很大，就可以在“中性色”中减少“黑色”，照片就会变得明亮。

05 来看一下“黑色”的效果。在“颜色”选项中选择“黑色”，然后滑动“洋红”和“黄色”滑块，照片中的黑色区域将会被设置的色彩所替换，不会再有黑色存在。这种效果大家一定不陌生，很多时尚风格的照片所呈现出的阴影偏色效果，基本上都是用这种方法调出来的。当照片中的黑色被替换时，照片看起来就不会显得很“硬”。这种方法在日常调色中也会经常用到。

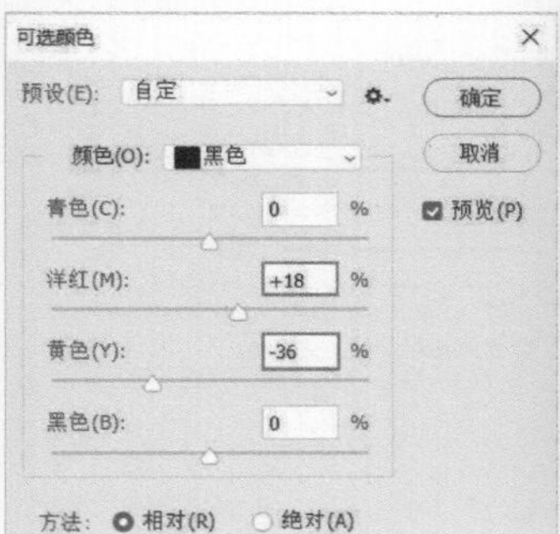

06 滑动“黑色”滑块，可以调节照片中黑色范围的大小，从而控制照片的阴影反差效果。

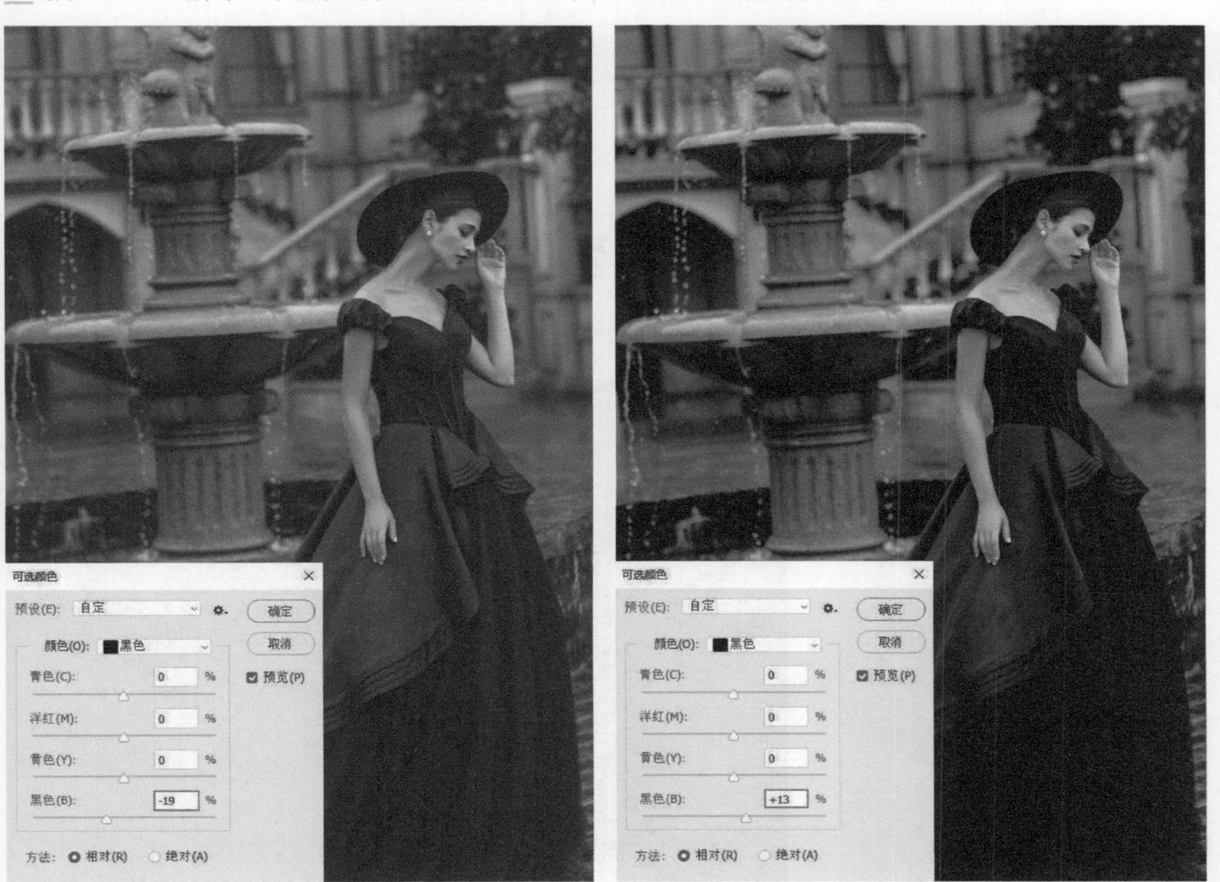

通过对“可选颜色”命令3种功能的讲解，相信大家一定会对“可选颜色”命令有新的认识。我们可以将“可选颜色”命令的3种功能结合起来使用，仅依靠“可选颜色”命令就可以调出一张效果非常漂亮的照片。只有熟练掌握每种工具的使用方法，才能修出好看的照片。

018 “色彩平衡”命令有什么作用

很多人觉得“色彩平衡”命令的使用方法很简单，只需要滑动一下滑块，校正一下色彩即可，没有什么特别的技巧可言。其实“色彩平衡”命令的使用方法是非常灵活的，这里将带大家重新认识“色彩平衡”命令。

“色彩平衡”命令有3个调整项，分别是“青色”“洋红”“黄色”。在“色调平衡”选项中，还可以选择“阴影”“中间调”“高光”，这就让“色彩平衡”变得不再简单了。在默认设置中，选择的是“中间调”，当然也可以根据需要，调整照片不同区域光影的色彩。

为了让大家观察得更仔细，我们分别在不同的区域设置相同的色彩，来看下面的例子。

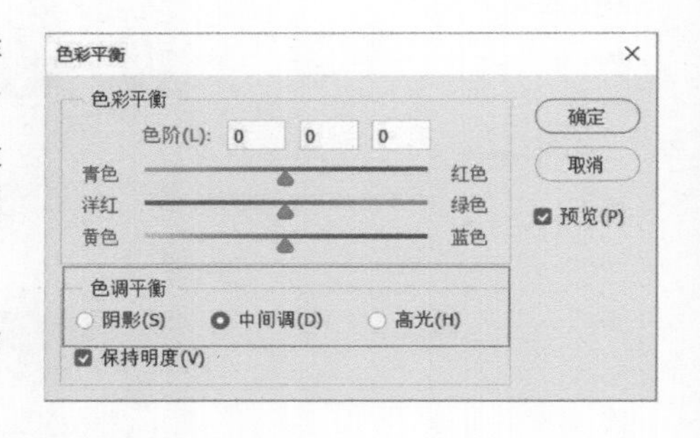

01 打开一张照片，执行“图像>调整>色彩平衡”菜单命令，在弹出的“色彩平衡”对话框中设置“色阶”数值，将“色调平衡”设置为“中间调”，让“色阶”的颜色主要作用于“中间调”。

02 设置“色调平衡”为“阴影”，让“色阶”的颜色主要作用于“阴影”。

03 设置“色调平衡”为“高光”，让“色阶”的颜色主要作用于“高光”。

通过对比可以发现，当色阶的颜色相同，在“色调平衡”选项中选择不同的光影范围时，所呈现出的效果是不一样的。那么，改变“高光”和“阴影”的色彩后，又会呈现出什么样的感觉呢？我们看下面的例子。

当“色调平衡”为“高光”时，设置“黄色”为-20；当“色调平衡”为“阴影”时，设置“蓝色”为+20。

我们来看看调色前后的效果有什么不同。经过调整的照片要比原片的色彩更丰富，更有层次感。原因是我们在照片的“高光”部分加了“黄色”，在照片的阴影部分加了“蓝色”。黄色与蓝色是一组撞色，当把一组撞色分别添加到照片的“高光”与“阴影”区域后就会产生视觉上的冲击力，能够增强照片的色彩层次，这种方法通常被称为“双色温”效果，在实际修图工作中的运用也非常广泛。

▼

调色前 **调色后**

大家再看一张“双色温”效果的作品，在照片的阴影部分加蓝色，高光部分加黄色，湖水的深蓝色与人物皮肤的暖黄色形成强烈的对比，让画面看起来更有层次感，具有梦幻般的效果。

019 “黑白”命令仅仅用于去色处理吗

在Photoshop中，想要将一张彩色照片变成黑白照片，有很多种方法。可以用“去色”命令直接把照片的颜色去掉，或者用“色相/饱和度”命令把饱和度全部去掉，当然，还可以用“黑白”命令去掉照片的色彩。那么，“黑白”命令除了可以用来去掉照片的色彩，还有其他特别的功能吗？下面一起来看看“黑白”命令的特别功能。

案例：强化照片的光影

扫码看视频

• 视频名称：强化照片的光影　• 源文件位置：第4章>019>强化照片的光影.psd

下图是一张彩色的照片，下面通过“黑白”命令对照片进行去色处理和光影的处理。通过设置参数，我们可以得到非常精彩的效果。

01 打开需要调整的照片，执行“图像>调整>黑白”菜单命令，照片就会变成黑白照片。在“黑白”对话框中，还可以对“红色”“黄色”“绿色”“青色”“蓝色”“洋红”进行调整。

02 将“黄色”的滑块向左滑动，降低“黄色”的明度，让人物的皮肤颜色变暗。

03 将“蓝色”的滑块向右滑动，提高“蓝色”的明度，让衣服颜色变亮。

04 将“红色”的滑块向右滑动，提高“红色”的明度，让人物头上的花朵、面部和嘴唇的颜色变亮。

由此可见，对这些色彩进行调整，可以让原片中色彩的明暗发生变化。当你想要把一张彩色照片变成有层次感的黑白照片时，就可以利用“黑白”命令对原片的色彩明暗进行调整，从而让黑白照片的细节更加丰富。

左下图是直接用“去色”命令调整后的照片，右下图是利用“黑白”命令调整后的照片。经过对比可以发现，右下图的效果层次更加明显，细节更加丰富。可见“黑白”命令的功能不只是去色那么简单。

020 “渐变映射”命令有哪些作用

“渐变映射”是一个冷门的调色命令。执行“图像>调整>渐变映射”菜单命令，即可打开该命令的对话框。也可以单击“图层”面板下方的“创建新的填充或调整图层”按钮，在弹出的菜单中找到“渐变映射”命令，这样就可以添加一个“渐变映射”的调整图层，以便发挥出它更大的作用。

“渐变映射”的“属性”面板的操作非常简单。单击一下渐变条，就进入了“渐变编辑器”对话框。Photoshop自带了十几种渐变条。渐变条中最左边的色标代表阴影着色的部分，最右边的色标代表高光着色的部分。在两点之间，可以任意添加色标点，并且可以自定义颜色，从而制作符合自己需求的渐变条。

如果需要一个“阴影”部分是“蓝色”，“高光”部分是“黄色”的渐变条，那么直接在当前渐变条上修改颜色即可。选择要更改的色标后，单击“颜色”旁边的色块，即可打开“拾色器”对话框，选择要替换的颜色。设置完毕后，单击“新建”按钮，就可以增加一个新的渐变条。

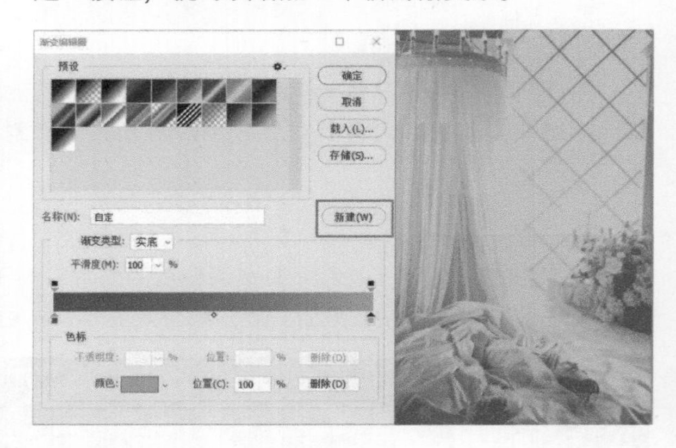

现在大家基本了解了“渐变映射”命令的功能，那么“渐变映射”在实际工作中到底有什么用途呢？上一问讲解了“黑白”命令，“黑白”命令有一个功能就是能够增强画面的光影层次，其实“渐变映射”命令同样也具备这个功能。

案例：增强画面的光影层次

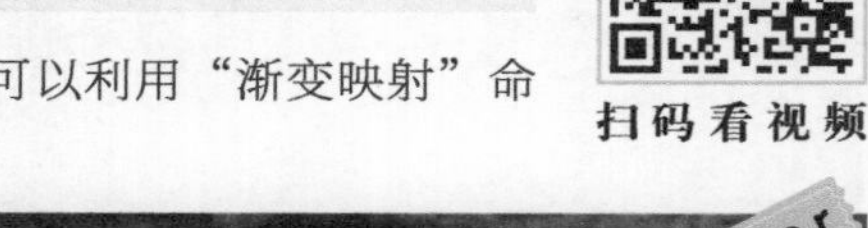

扫码看视频

• 视频名称：增强画面的光影层次　• 源文件位置：第4章>020>增强画面的光影层次.psd

看下面的照片，这张照片的整体效果已经很不错了，但是我们还可以利用“渐变映射”命令增强画面中光影的层次，让照片看起来更加唯美。

01 打开需要调整的照片，在“图层”面板的下方单击“创建新的填充或调整图层”按钮，在弹出的菜单中找到“渐变映射”命令，即可添加一个“渐变映射”的调整图层，在“属性”面板中单击渐变条打开“渐变编辑器”，选择第3个“黑，白渐变”效果。

02 将“渐变映射”图层的“混合模式”改为“明度”。此时照片从黑白效果又恢复成为彩色效果，但是明显比原片的光影看起来更好一些。同样，“渐变映射”命令也对照片起到了去灰的作用，但是要比“黑白”命令的去灰效果更柔和。

提示 使用“黑白”命令去灰时，图层的“混合模式”为“柔光”，而使用“渐变映射”命令去灰时，图层的“混合模式”为“明度”，大家不要混淆。使用“黑白”命令去灰时，照片的光影看起来很强硬，比较适合调光影效果反差强烈的照片；使用“渐变映射”命令去灰时，照片的光影相对比较柔和，比较适合调柔和唯美风格的照片。

“渐变映射”命令除了可以调整画面的光影，还可以为照片的高光和阴影赋予不同的色彩，并控制照片的亮度。

案例：赋予画面高光和阴影不同的色彩

扫码看视频

• 视频名称：赋予画面高光和阴影不同的色彩　• 源文件位置：第4章>020>赋予画面高光和阴影不同的色彩.psd

看下面这张照片，整体的环境色基本为黄色调，我们可以利用“渐变映射”命令增强画面的色彩。

01 打开需要调整的照片，新建一个“渐变映射”调整图层，然后更改渐变条的颜色，将阴影部分的色标改为深黄色，将高光部分的色标改为浅黄色。

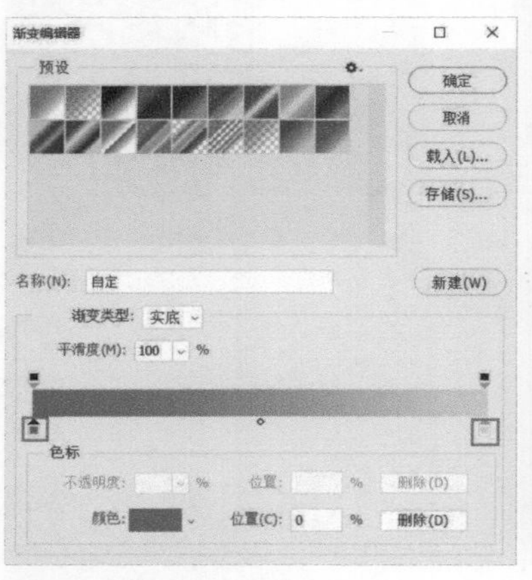

02 设置“渐变映射”调整图层的“混合模式”为“正片叠底”。

03 为了让照片的效果更好，还可以降低“渐变映射”调整图层的“填充”，让照片看起来不要太厚重。新建“可选颜色”调整图层，设置“颜色”为“黑色”，然后对“黄色”和“洋红”的滑块进行调整，让照片的阴影色彩与高光色彩进行区分。

021 "曝光度"命令有什么特别之处吗

大多数人认为"曝光度"命令只是一个将照片提亮或压暗的命令，与"曲线""色阶""亮度/对比度"命令差不多。其实，"曝光度"命令也有它无可取代的优势。下面为大家讲解"曝光度"命令的特点。

执行"图像>调整>曝光度"菜单命令，即可打开"曝光度"对话框。也可在"图层"面板的下方单击"创建新的填充或调整图层"按钮，在弹出的菜单中选择"曝光度"命令。在"曝光度"的"属性"面板中可以看到有3个调节参数："曝光度"用来调整色调范围的高光，对特别重的阴影影响不大；"位移"可以调节阴影和中间调的明暗，对高光的影响不大；"灰度系数校正"可以简单地理解为调整照片整体光影的灰度。

单独调整"曝光度"并不能改变阴影和高光的对比度，它需要"位移"和"灰度系数校正"的共同配合。

案例：改变画面中阴影和高光的对比度

扫码看视频

• 视频名称：改变画面中阴影和高光的对比度　• 源文件位置：第4章>021>改变画面中阴影和高光的对比度.psd

下面这张照片的效果已经很不错了，但是我们还可以试试利用"曝光度"命令进行调整，看看照片效果会发生什么样的变化。

01 打开需要调整的照片，执行“图像>调整>曲线”菜单命令，在弹出的“曲线”对话框中将照片的颜色压暗。在压暗的同时，其实也对照片的亮度、灰度和对比度进行了改变。

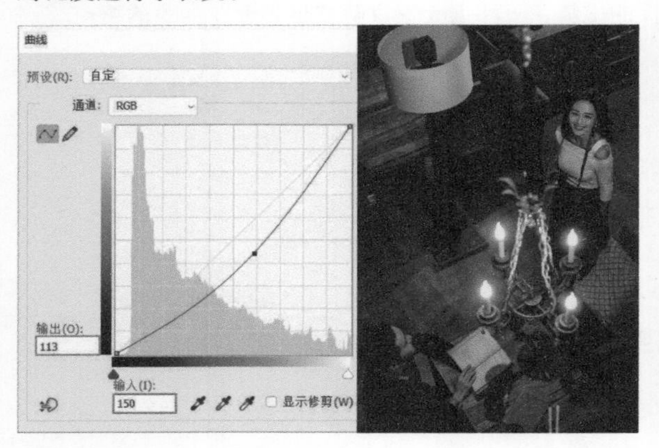

02 来看一下使用“曝光度”命令调整后的效果。还是打开刚刚那张原图，执行“图像>调整>曝光度”菜单命令，在弹出的“曝光度”对话框中将滑块进行拖动，可以看到，与使用“曲线”命令调整的效果完全不一样。

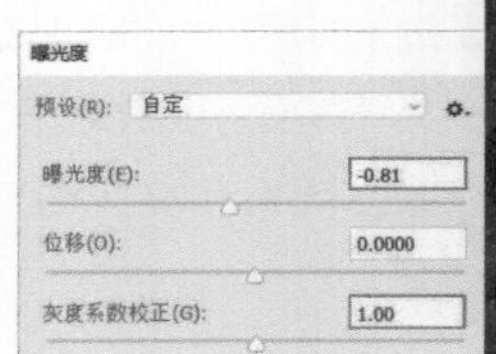

03 调整一下“位移”的滑块，灰度效果还是不理想。

04 调整一下“灰度系数校正”的滑块，总算达到了不错的效果。

看到这里可能很多人会有疑问，使用“曝光度”命令对照片进行调整时，需要3个步骤才能达到使用“曲线”调整时的效果，不如直接用“曲线”命令进行调整。其实，正是因为“曝光度”命令的“分解步骤”，才让“曝光度”命令实现了其他命令实现不了的功能。下面给大家演示一个案例，大家就会知道“曝光度”命令的重要性了。

案例：让画面更具厚重感

扫码看视频

• 视频名称：让画面更具厚重感　　• 源文件位置：第4章>021>让画面更具厚重感.psd

把下面这张照片压暗，让照片的光影看起来更厚重，突出浓厚的氛围。一起来看看如何使用“曝光度”命令调整这张照片。

01 打开需要调整的照片，在“图层”面板下方单击“创建新的填充或调整图层”按钮，在弹出的菜单中选择“曝光度”命令，创建“曝光度”调整图层。将“曝光度”的滑块向左滑动，压暗照片。此时，照片中的阴影部分仍保留了细节，这样就让压暗后的效果不会太过生硬，这点是“曲线”命令很难做到的。

02 选择“曝光度”调整图层的“图层蒙版”，用黑色的画笔涂抹照片中不希望被压暗的部分，包括人物、窗户的光线、吊灯与地面上的反光等。最后，得到一张理想的照片。

除了以上的两个例子，“曝光度”命令的使用方法还有很多。只要了解了“曝光度”命令的特点，就可以合理利用“曝光度”命令的优势，制作出理想的照片。虽然“曝光度”命令需要3步才能达到“曲线”命令的效果，但也正因为“曝光度”命令的“细腻”，让它可以完成许多“曲线”命令很难完成的工作。

022 如何使用“色相/饱和度”命令

“色相/饱和度”命令是一个操作起来非常简单的命令，直接对色彩的三要素进行调整即可。在调色的过程中，除了滑动滑块和调节照片的色彩属性来进行调色，更多时候会用“吸管工具”去吸取照片中要调整的色彩。要注意的是，使用“吸管工具”之前，要选择一个色彩通道，否则“吸管工具”的图标是灰色的状态。

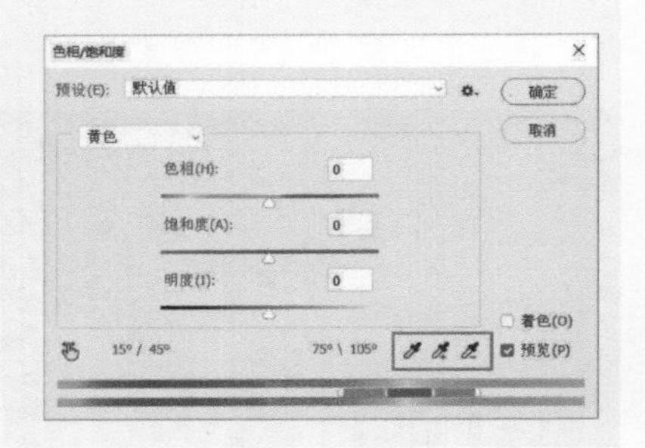

“色相/饱和度”命令有一个特别人性化的功能，只要在照片中任意单击某一种颜色，对话框中的颜色就会随之改变。如当前选择了“黄色”，用“吸管工具”单击照片中的蓝色房顶，此时前景色就变成了蓝色。

滑动“色相”滑块，屋顶的颜色就会随之改变。但是天空的颜色也受到了牵连，这就是“色相/饱和度”命令的缺陷所在，即对色彩范围的区分不明显。但这个问题可以解决，在“图层”面板下方单击“创建新的填充或调整图层”按钮，添加“色相/饱和度”调整图层，然后在“蒙版”中擦去不希望改变色彩的部分即可。

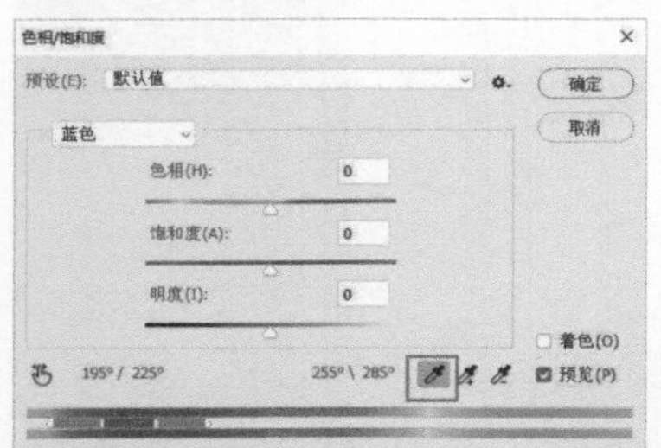

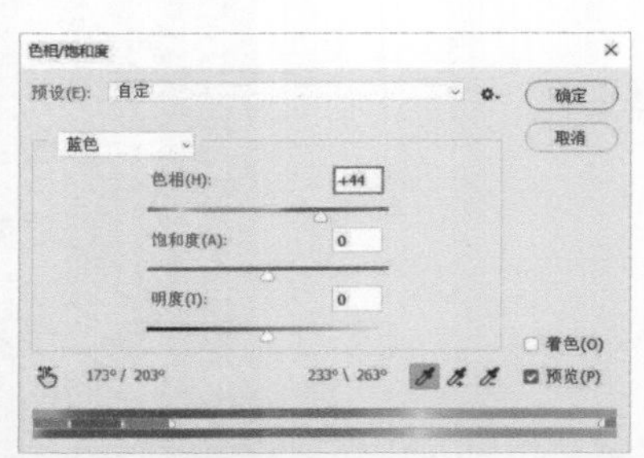

在实际的修图工作中，我们还可以将“色相/饱和度”命令与“蒙版”结合使用，通过调整照片中的“色相”“饱和度”“明度”，制作出很多特殊的效果。正因为“色相/饱和度”命令简单直白，所以它是我们日常工作中不可缺少的命令。

第 5 章

05

方便实用的图层混合模式

023 常用的图层混合模式有哪些
024 如何快速增加照片的厚重感
025 如何快速处理局部太暗的照片
026 如何为照片增添自然的色彩
027 如何将照片调出柔和唯美的感觉
028 如何让照片的色彩变得更丰富

023 常用的图层混合模式有哪些

下面一起来认识不同图层混合模式的特点。了解了不同混合模式的特点，我们就可以利用不同的混合模式制作特殊的照片效果。

溶解

在“溶解”混合模式下，下一层较暗的像素会被当前图层中较亮的像素所取代，达到与底色溶解在一起的效果。

变暗

在“变暗”混合模式下，可以查看每个“通道”的颜色信息，并选择基色或混合色中较暗的颜色作为结果色，把比背景色更淡的颜色从结果色中去掉。

正片叠底

在“正片叠底”混合模式下，任何颜色与黑色混合都会变成黑色，任何颜色与白色混合保持不变。该模式与“变暗”混合模式相似，我们常用此混合模式来处理天空素材。

颜色加深

“颜色加深”混合模式用于查看每个“通道”的颜色信息，使基色变暗，从而显示出当前图层的混合色。在与黑色和白色进行混合时，图像不会发生变化。

线性加深

“线性加深”混合模式用于查看每个“通道”的颜色信息，不同的是，它是通过降低亮度使基色变暗来反映混合色。如果混合色与基色呈白色，混合后将不会发生变化。下图中，混合色为黑色的区域均显示在结果色中，而白色的区域不显示。

变亮

“变亮”混合模式与“变暗”混合模式的效果相反。它通过比较每个“通道”中的颜色信息，选择基色或混合色中较亮的颜色作为结果色，同时替换比混合色暗的像素，而比混合色亮的像素保持不变，从而使整个图像有变亮的效果。

深色

“深色”混合模式用于查看每个“通道”的颜色信息，在该模式下，比较两个图像的所有“通道”数值的总和，然后显示数值较小的颜色。

滤色

在“滤色”混合模式下，与黑色混合时，颜色保持不变，与白色混合时变成白色，通常被用来处理丝薄婚纱素材。

颜色减淡

“颜色减淡”混合模式用于查看每个“通道”的颜色信息，降低对比度使基色变亮，从而反映混合色。

提示　“滤色”有提亮的作用，可以解决照片曝光度不足的问题。

线性减淡

“线性减淡”与“线性加深”混合模式的效果相反，“线性减淡”混合模式通过提高亮度来减淡颜色，产生的亮化效果比“滤色”和“颜色减淡”混合模式都强烈。

柔光

“柔光”混合模式可以使画面中的颜色变亮或变暗，具体取决于当前图像的颜色。如果上层图像的颜色比50%灰色亮，则图像变亮；如果上层图像的颜色比50%灰色暗，则图像变暗。

叠加

“叠加”混合模式实际上是“正片叠底”和“滤色”混合模式的结合。该混合模式是将混合色与基色相互叠加，也就是说底层图像控制着上层图像，可以使之变亮或变暗。

点光

“点光”混合模式是根据上层图像的颜色来替换颜色。如果上层图像的颜色比50%灰亮，则替换比较暗的像素；如果上层图像的颜色比50%灰暗，则替换为较亮的像素。

强光

“强光”混合模式是“正片叠底”与“滤色”混合模式的结合。它可以产生类似于强光照射的效果，根据当前图层颜色的明暗程度来决定最终的效果是变亮还是变暗。如果混合色比基色的像素亮，那么结果色更亮；如果混合色比基色的像素暗，那么结果色更暗。如果上层图像的颜色比50%灰色亮，则图像变亮；如果上层图像的颜色比50%灰色暗，则图像变暗。

线性光

“线性光”混合模式是“线性减淡”与“线性加深”混合模式的结合。“线性光”混合模式通过增加或减小亮度来加深或减淡颜色。如果上层图像的颜色比50%灰色亮，则图像变亮；如果上层图像的颜色比50%灰色暗，则图像变暗。

颜色

“颜色”混合模式是用底层图像的明亮度和上层图像的饱和度和色相来创建结果色，这样可以保护图像的灰色调，但结果色的颜色由混合色决定。我们可以将“颜色”混合模式看作是“饱和度”混合模式和“色相”混合模式的结合，一般用于为图像添加单色效果。

差值

在“差值”混合模式下，上层图像与白色混合将反转底层图像的颜色，与黑色混合则不产生变化。下图中蓝色图层的“不透明度”为50%。

明度

“明度”混合模式是用底层图像的饱和度和上层图像的明亮度来创建结果色，与“颜色”混合模式的效果恰恰相反。

提示 图层的混合模式有很多，对于修图师来说，并不是所有混合模式都能用得上。在实际的修图工作中常用到的也只有几种模式，所以大家也不必掌握每种混合模式的使用方法。

024 如何快速增加照片的厚重感

在修图工作中经常会碰到这样的问题：照片非常灰，没有层次；照片光影平，没有立体感；照片很亮，没有细节等。其实，这些问题归纳起来就是照片没有厚重感。如何增加照片的厚重感，是很多修图师非常关心的问题。

回顾上一问的内容，在众多的图层混合模式中，“正片叠底”模式最适合用来增加照片的厚重感。看右图，原片的效果看起来有一些“平”，无论是从整体的亮度还是灰度来看，都缺少一定的厚重感。将图层混合模式更改为“正片叠底”后，瞬间就给照片增加了厚重感。

原图

效果图

案例：用“正片叠底”模式增加照片的厚重感

扫码看视频

• 视频名称：用“正片叠底”模式增加照片的厚重感　• 源文件位置：第5章>024>用“正片叠底”模式增加照片的厚重感.psd

看下面的例子，在原图中，建筑的质感不够硬朗，整体缺少一些厚重感。因此我们可以使用“正片叠底”混合模式增加照片的厚重感。

01 打开需要调整的照片，复制一个“背景”图层命名为“层次”，然后将图层的混合模式更改为“正片叠底”，便瞬间增加了照片的厚重感。

02 此时发现人物的肤色有些过暗，我们只需在“层次”图层上添加“图层蒙版”，然后调整一下“层次”图层的“填充”参数即可。

03 还可以利用“正片叠底”混合模式的特点为照片添加天空素材。选择一张天空的素材，将其拖曳至“层次”图层上方。将“天空”图层的混合模式更改为“正片叠底”。经过修饰和处理后，最终就获得了十分具有厚重感的照片。

在“正片叠底”混合模式下，任何颜色与黑色进行混合时，得到的颜色仍为黑色；任何颜色与白色进行混合时，颜色保持不变；任何颜色与高明度的色彩进行混合时，都会减掉亮度值。我们希望的是照片被压暗后仍能够保证高光的亮度和阴影的暗度，这样才能让照片看起来厚重感十足并且不损失细节。

025 如何快速处理局部太暗的照片

众多的图层混合模式中，在提亮方面表现得比较突出的当属“滤色”混合模式了。“滤色”混合模式与“正片叠底”混合模式的处理效果相反，设置图层的混合模式为“滤色”后，图像的颜色会很浅，像是被漂白了一样。“滤色”混合模式的工作原理是保留图像中的亮色，过滤图像中的暗色，因此我们可以利用这个特点将图像中过暗的部分处理得自然明亮。

案例：用“滤色”模式处理照片中的暗色

• 视频名称：用“滤色”模式处理照片中的暗色　• 源文件位置：第5章>025>用“滤色”模式处理照片中的暗色.psd

看下面的例子，现在要对这张照片中男士的脸进行处理，将颜色提亮。我们来看看如何使用“滤色”混合模式进行处理。

01 打开需要调整的照片，复制一个背景图层，将其命名为“美白”，然后将“美白”图层的混合模式更改为“滤色”，画面瞬间都亮了起来，男士黝黑的脸部也亮了起来。

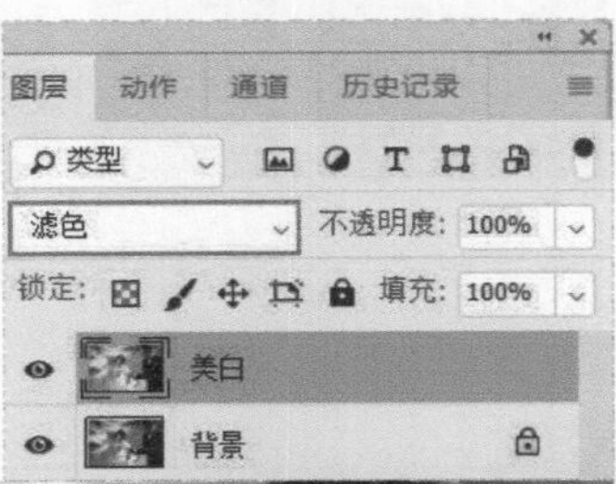

02 把照片中不需要提亮的部分进行擦除，可以在“美白”图层上建立“图层蒙版”，并进行“反相”处理，此时照片就会隐藏“滤色”的作用效果。

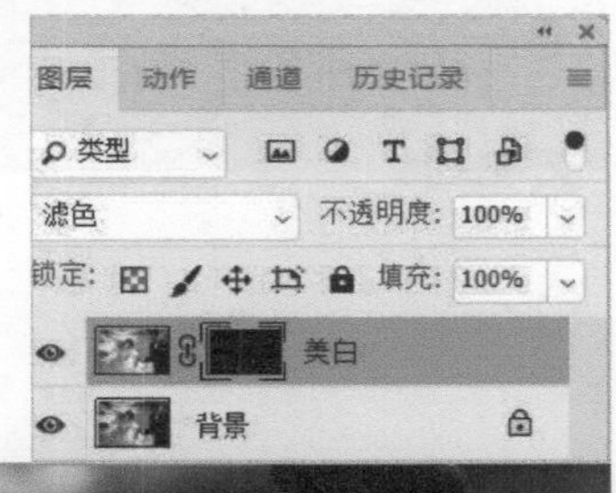

03 设置前景色为白色，然后使用“画笔工具”涂抹男士的面部，男士面部就恢复到之前被提亮时的效果了。

提示 使用“画笔工具”在蒙版图层上进行涂抹时，需要设置“画笔工具”的“硬度”为10，这样才能让涂抹后的效果更自然。

使用“滤色”混合模式提亮画面局部过暗的部分，不但方便快捷，而且效果非常自然。“滤色”混合模式的主要特点是过滤暗色，过滤后的效果非常自然。利用“滤色”混合模式可以将肤色处理得很通透。

“滤色”混合模式除了可以处理画面中的暗色，还可以将暗淡的白纱处理得通透靓丽，并且还能为照片制作出非常靓丽唯美的逆光效果。

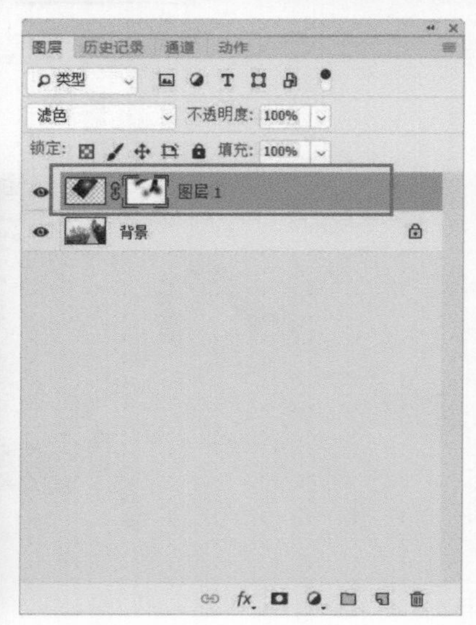

026 如何为照片增添自然的色彩

在日常修图工作中，我们难免会碰到一些色彩暗淡的照片，这是因为天气或季节的影响，所以照片中花花草草的颜色没有我们想象中的那么艳丽。接下来我们就一起来解决这个问题——如何为照片增添自然的色彩。

在众多图层混合模式中，隐藏着一个着色“高手”，那就是“叠加”混合模式。利用“叠加”混合模式，我们可以在照片中增强色彩，甚至是改变照片的色彩。“叠加”混合模式的原理是将混合色与基色相互叠加，也就是说底层图像控制着上层图像，使上层的图像变亮或变暗。

案例：用“叠加”模式增加照片的色彩

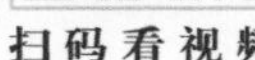

• 视频名称：用“叠加”模式增加照片的色彩　　• 源文件位置：第5章>026>用“叠加”模式增加照片的色彩.psd

看左下这张照片，如果希望植物颜色可以再鲜艳一些，我们就可以直接利用“叠加”混合模式，让植物的颜色更加浓郁、艳丽。

打开需要调整的照片，新建一个空白图层，并命名为“刷色”，然后将“刷色”图层的混合模式更改为“叠加”。此时，观察一下原片中植物的颜色，发现颜色仍然比较暗淡。然后设置前景色为亮度较高的黄色，再使用“画笔工具”对植物部分进行涂抹。此时照片中的植物的颜色就会变得金黄，比之前更加明亮和鲜艳了。

提示　在使用“画笔工具”刷色时，可以通过设置“画笔工具”的“不透明度”或图层的“不透明度”来控制刷色后的色彩浓度。

利用“叠加”混合模式涂抹出来的色彩，与照片中的色彩是比较协调统一的，所以看起来非常真实，这取决于“叠加”混合模式的功能原理。

利用“叠加”混合模式除了可以增加照片中的色彩，还可以为人物“补妆”。

原图

戴上美瞳

涂上口红

染个头发

“叠加”混合模式对于照片色彩的控制非常好，感兴趣的读者可以多进行尝试。无论颜色多么糟糕的照片，只要利用好“叠加”混合模式，都可以让它焕然一新。

027 如何将照片调出柔和唯美的感觉

把照片处理得柔和唯美的方法有很多，最简单快捷的方法依然是用图层混合模式。哪种混合模式可以用来制作出柔和唯美的效果呢？“柔光”混合模式。在实际运用中，“柔光”混合模式需要搭配“高斯模糊”命令一起使用。并且需要注意的是，“柔光”混合模式除了能让画面变得柔和以外，还会增大画面的光影反差，所以在使用的时候一定要注意不要把照片的对比反差调得太过于强烈。

案例：用“柔光”模式让照片变得更唯美

扫码看视频

• 视频名称：用“柔光”模式让照片变得更唯美　• 源文件位置：第5章>027>用“柔光”模式让照片变得更唯美.psd

看下面的例子，原片的颜色是比较柔和的，但是整体效果略显平淡。下面为大家演示如何使用“柔光”混合模式让画面变得更为柔和唯美。

01 打开需要调整的照片，复制一层“背景”图层，并重命名为“柔美”，然后设置“柔美”图层的混合模式为“柔光”，此时就为照片增加了柔美的感觉。但是目前的照片光影反差有点大，需要在后面的操作过程中再进行处理。

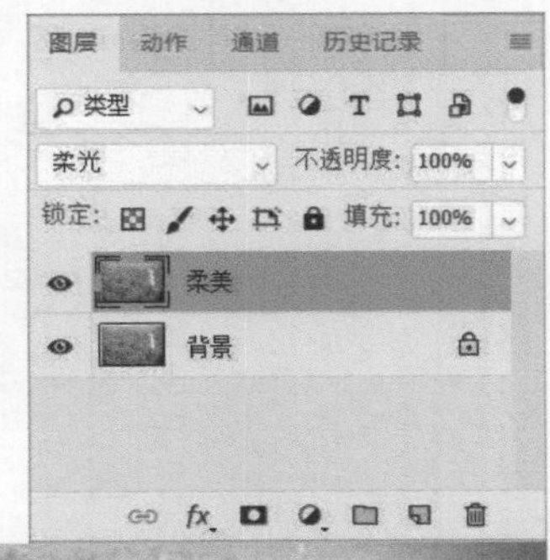

02 为“柔美”图层增加一个“高斯模糊”的效果。执行“滤镜>模糊>高斯模糊”菜单命令，在弹出的“高斯模糊”对话框中设置“半径”为30像素。此时就可以看到添加“高斯模糊”后的照片显得更加柔和唯美。

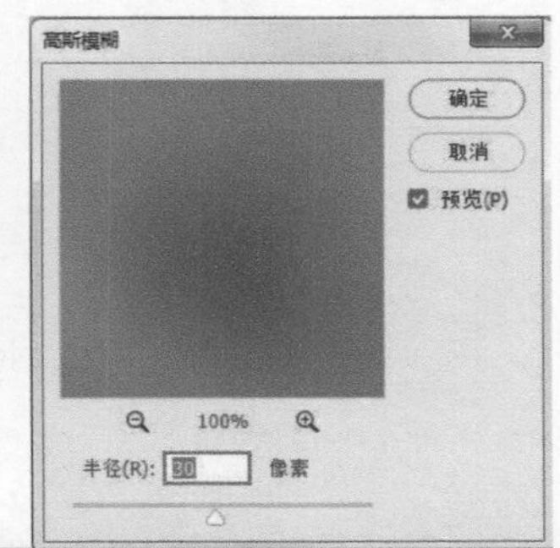

03 执行“图像>调整>色阶”菜单命令，在弹出的“色阶”对话框中，将“输出色阶”的黑色滑块向右滑动，这样就把“柔美”图层的暗部提亮了，使照片的光影反差看起来没有那么大。这时再处理一下高光过曝的部分，给“柔美”图层添加一个“图层蒙版”，用黑色的“画笔工具”涂抹人物的衣服和人物的五官，去掉“柔光”混合模式和“高斯模糊”的效果，恢复到原片的效果。

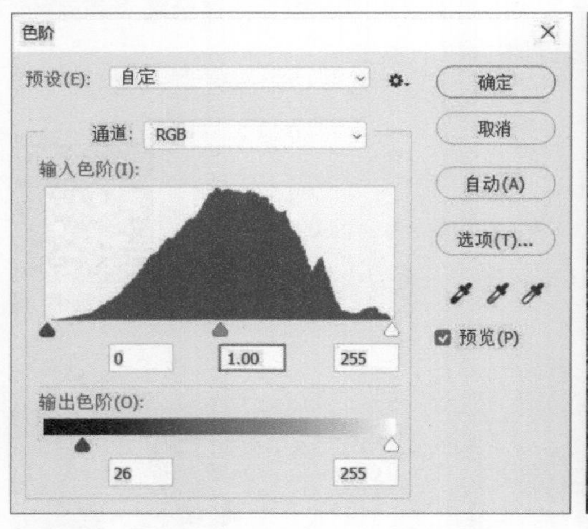

04 调整画面的细节部分，柔和唯美的效果就制作好了。

以上两个案例为大家演示了“柔光”混合模式的使用方法。相信大家在日常修图工作中，也会频繁地用到“柔光”混合模式，大家可以根据“柔光”混合模式的特点调出更多不同风格的照片。

028 如何让照片的色彩变得更丰富

在日常修图工作中，经常会碰到色彩不够鲜艳的照片。我们通常会使用“色相/饱和度”和“自然饱和度”等命令去增强画面的鲜艳度，但有时效果并不理想。这里就为大家介绍一种增强画面鲜艳度的图层混合模式——“饱和度”混合模式。

“饱和度”混合模式的特点是在保持基色色相和亮度值的前提下，只用混合色的饱和度值进行着色。换句话说，如果为照片添加一个纯色图层，将该图层的混合模式设置为“饱和度”，那么这个纯色图层的色彩的饱和度高低，就会影响整个照片色彩的饱和度的高低。

提示 “饱和度”混合模式的原理比较复杂，是用底层颜色的明亮度、色相和上层图像的饱和度来创建结果色。例如，将纯蓝色应用到一个灰暗的背景图像中时，会显示出背景中的原始纯色，但蓝色并未加入合成图像中。如果将一种中性颜色（一种并不显示主流色度的颜色）应用到灰暗的背景图像中时，背景图像不会发生任何变化。

案例：用“饱和度”模式让照片的色彩更丰富

• 视频名称：用“饱和度”模式让照片的色彩更丰富　• 源文件位置：第5章>028>用“饱和度”模式让照片的色彩更丰富.psd

扫码看视频

在左下方的这张照片中，地面上的花草的色彩不够鲜艳，显得十分苍白，可直接用“饱和度”混合模式进行处理。

01 打开需要调整的照片，新建一个空白图层，任意填充一种纯色，并将图层命名为“纯色”，然后设置混合模式为“饱和度”。

02 此时，画面中的色彩鲜艳度过高，色彩很不自然，需要降低“纯色”图层的“填充”数值，以保证画面中花草的鲜艳度自然为准。

03 将“纯色”图层的“填充”降低后，花草的色彩看起来非常自然，但是人物和远处的树的色彩不自然，因此需要给“纯色”图层添加“图层蒙版”，然后在“图层蒙版”中擦除不自然的色彩。这样就可以得到一张色彩非常自然的照片了。

“饱和度”混合模式与“色相/饱和度”“自然饱和度”等调色命令的原理是不同的，所达到的效果自然也不相同。“饱和度”混合模式在控制照片整个色彩的鲜艳度方面表现得非常不错，大家可以根据讲解的内容自行尝试。

第 6 章

06

暗藏玄机的滤镜效果

029 滤镜库中有哪些滤镜
030 “模糊”滤镜组中有哪些滤镜
031 “模糊画廊”滤镜组中有哪些滤镜
032 “锐化”滤镜组中有哪些滤镜
033 “渲染”滤镜组中有哪些滤镜
034 “杂色”滤镜组中有哪些滤镜
035 如何利用“高反差保留”滤镜增强画面的质感

029 滤镜库中有哪些滤镜

打开照片，执行“滤镜>滤镜库”菜单命令，弹出“滤镜库”对话框，此时我们可以看到多个滤镜组，每个滤镜组中有多种滤镜。我们可以根据具体需要为照片添加不同的滤镜。下面介绍几种常用的滤镜。

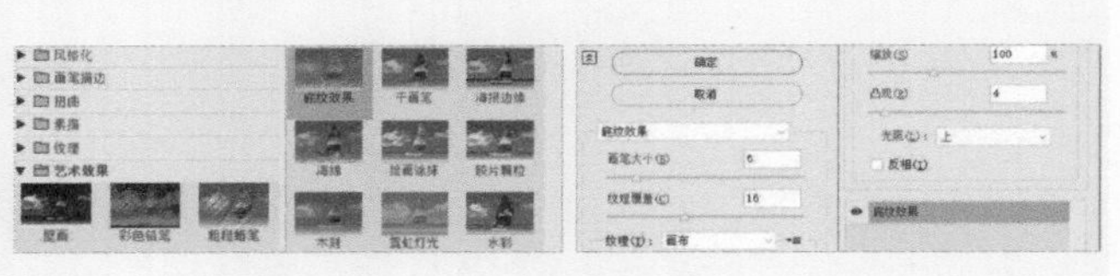

成角的线条：在“画笔描边”滤镜组中选择“成角的线条”滤镜，可以将照片快速处理为油画的效果。

强化的边缘：在“画笔描边”滤镜组中选择“强化的边缘”滤镜，可以强化画面中的轮廓线条，在处理工笔画风格的照片时非常实用。

玻璃：在“扭曲”滤镜组中选择“玻璃”滤镜，可以模拟出隔着玻璃拍照的效果，让画面朦胧唯美，增添艺术氛围。

提示　配合水珠素材的使用，可让整体的效果显得更加浪漫和唯美。

半调图案：在“素描”滤镜组中选择“半调图案”滤镜，可以将照片处理成非常有层次感的黑白效果，并且该滤镜带有类似丝网印刷效果的纹理，可以让照片呈现出非常有质感的艺术效果。

纹理化：在“纹理”滤镜组中选择“纹理化”滤镜，可以为照片添加类似宣纸的底纹效果，在处理工笔画风格的照片时经常用到。

炭笔：在“素描”滤镜组中选择“炭笔”滤镜，可以将照片转化为类似炭笔的手绘图片。

以上列举了几种常用的滤镜。大家可以根据具体需要进行使用。

030 “模糊”滤镜组中有哪些滤镜

“模糊”滤镜组中包含了“表面模糊”“动感模糊”“方框模糊”“高斯模糊”“径向模糊”“进一步模糊”“模糊”“镜头模糊”“平均”“特殊模糊”“形状模糊”等滤镜。下面为大家介绍这些滤镜可以制作出什么样的效果。

表面模糊：在保留图像边缘的情况下，对图像的表面进行模糊处理。可以用它来处理噪点颗粒比较大的素材，效果还是非常不错的。

提示 很多人会利用“表面模糊”滤镜对人物皮肤进行美化修饰，但其实没有必要。因为如果使用不当，会让人物皮肤过于光滑，从而破坏皮肤的细节，所以在此建议大家不要使用“表面模糊”处理人物皮肤。

动感模糊：模拟物体运动时的模糊效果，以体现出速度感。用“动感模糊”滤镜对右边第1张照片中人物后面的车进行模糊处理，不但让车看起来不抢眼，还能给照片增加动态的感觉。

方框模糊：该滤镜在日常修图工作中几乎用不到，作用效果与“高斯模糊”相似。它基于图像中相邻像素的平均颜色来模糊图像。模糊的半径值越大，模糊的效果越强烈。

高斯模糊：该滤镜是“模糊”滤镜组中使用频率较高的滤镜。“高斯模糊”的作用效果可以让人感觉仿佛是透过一种半透明的介质来看整张图片，该滤镜使图片失去焦点，以达到柔和朦胧的效果。

径向模糊：这是一个非常有趣的滤镜，它可以模拟出前后移动相机或旋转相机拍摄物体的效果，使得画面产生强烈的视觉冲击力，增强画面的动感效果。

镜头模糊：这是一个模拟不同相机镜头景深效果的滤镜，往往要搭配“图层蒙版”来使用，效果与“高斯模糊”没有太大的区别，在修图工作中的使用率也不是很高。很多摄影爱好者常利用“镜头模糊”来调整照片，让照片达到某种预期的镜头效果。

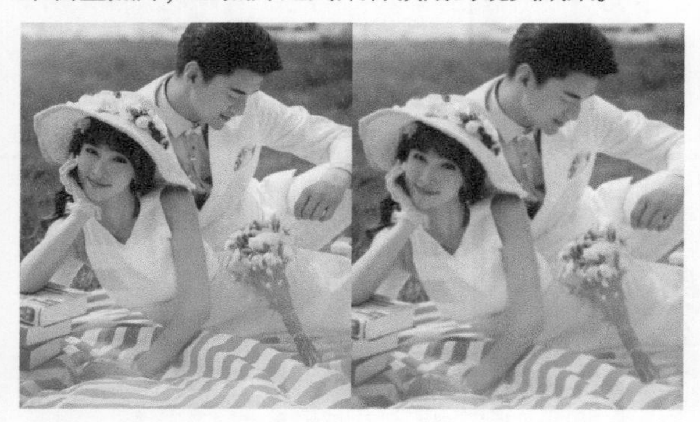

特殊模糊：“特殊模糊”与“表面模糊”的效果相似，一般用于人物皮肤的磨皮处理，但是专业修图师很少用它进行磨皮处理，一般都是使用第三方的磨皮插件。

进一步模糊/模糊：在修图工作中，这两个模糊滤镜几乎没有多大意义。它们可对同一对象重复使用，逐步加强模糊效果。如果一张图片经过其他模糊处理后，想要的效果基本已经达到，但模糊程度稍有欠缺，可以使用这两个滤镜对模糊程度进行加强。

平均：该滤镜常用于提取画面中颜色的“平均值”。使用该滤镜得到的颜色与画面整体的颜色非常统一，可将这种颜色作为与原图相搭配的其他元素的颜色。

形状模糊：可结合“矩形选框工具”，对局部进行模糊处理。选择不同的形状，所产生的模糊效果会有一些不同，这是我们日常修图工作中几乎用不到的模糊滤镜。

虽然模糊滤镜的效果有很多种，但是我们实际工作中能用到的并不多，很多模糊滤镜的效果几乎可以被其他模糊功能替代，感兴趣的读者可以自行研究。

031 “模糊画廊”滤镜组中有哪些滤镜

在众多的滤镜组中有一个“模糊画廊”滤镜组。在“模糊画廊”滤镜组中，共包含5种模糊滤镜，分别是“场景模糊”“光圈模糊”“移轴模糊”“路径模糊”“旋转模糊”。下面主要介绍“场景模糊”“光圈模糊”“移轴模糊”的功能。

场景模糊： 对图片的焦距进行调整。这与我们拍照的原理一样，选择好主体后，主体之前和主体之后的物体就会变得模糊，选择的镜头不同，模糊的方法也不同。不过“场景模糊”可以对整张照片或多个局部进行模糊处理，这一点要比“镜头模糊”方便实用得多。下面为大家演示“场景模糊”滤镜的使用方法。

案例：用“场景模糊”滤镜虚化照片中的背景

扫码看视频

• 视频名称：用“场景模糊”滤镜虚化照片中的背景　• 源文件位置：第6章>031>用“场景模糊”滤镜虚化照片中的背景.psd

左下方的这张照片，笔者希望虚化照片中的背景，保留人物的清晰度，模拟相机大光圈、小景深的效果。

01 打开需要调整的照片，选择“场景模糊”滤镜，设置“模糊”为15像素，在画面中设置3个模糊点，分别在两棵大树附近和人物头部附近。

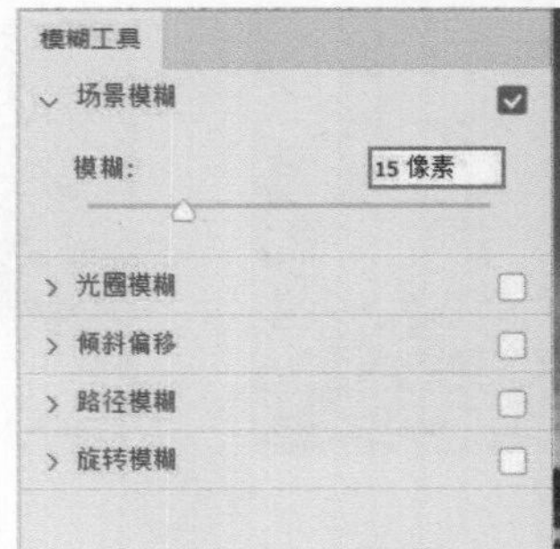

02 选择人物头部附近的模糊点，设置“模糊”为0像素，此时人物将不会出现模糊效果，人物的背景部分就保留了模糊效果。经过调整后，照片就可以呈现想要的效果了。

提示　如果不在人物部分设置模糊点，那么人物就会受到其他两个模糊点的影响而变得模糊，而且没有办法恢复。

光圈模糊：顾名思义就是用类似于相机的镜头进行对焦，焦点周围的图像会变得模糊。下面为大家演示“光圈模糊”滤镜的使用方法。

案例：用“光圈模糊”滤镜虚化焦点周围的图像

扫码看视频

• 视频名称：用“光圈模糊”滤镜虚化焦点周围的图像　• 源文件位置：第6章>031>用“光圈模糊”滤镜虚化焦点周围的图像.psd

接下来对左下方的图片使用“光圈模糊”滤镜，看看利用“光圈模糊”滤镜可以制作出怎样的特殊镜头效果。

01 打开需要调整的照片，选择“光圈模糊”滤镜，设置“模糊”为15像素，在画面中间部分会出现模糊点。我们可以发现画面羽化手柄（圆圈中的四个小白点）中间的部分是实的，羽化手柄到圆环的部分渐渐模糊，圆环以外的部分就全部是虚化的。

02 羽化手柄可以控制羽化焦点到圆环外围的羽化过渡，将参数设置好后，按Enter键即可确认模糊效果。

03 选择圆环右侧的手柄，向左拖曳手柄，把椭圆变成圆形，同时还可以进行旋转。

04 圆环右上角的白色菱形叫圆度手柄，选择圆度手柄后，将其往外拖曳，可以把圆形变成圆角矩形。

移轴模糊：使用“移轴模糊”滤镜可以将图像变得非常有趣。使用该滤镜的画面会呈现出上下或左右两端虚化，而中间部分是真实的效果。下面为大家演示“移轴模糊”滤镜的使用方法。

案例：用“移轴模糊”滤镜虚化照片两端的内容

扫码看视频

• 视频名称：用“移轴模糊”滤镜虚化照片两端的内容　• 源文件位置：第6章>031>用“移轴模糊”滤镜虚化照片两端的内容.psd

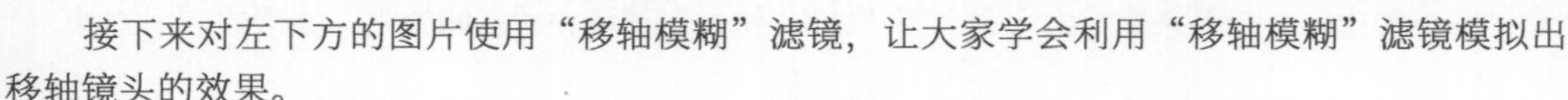

接下来对左下方的图片使用“移轴模糊”滤镜，让大家学会利用“移轴模糊”滤镜模拟出移轴镜头的效果。

01 打开需要调整的照片，选择“移轴模糊”滤镜。在“模糊工具”面板中除了可以调节“模糊”的数值，还可以增加画面扭曲的效果。随后在画面中间部分会默认出现两条实线和两条虚线，两条实线被称为羽化实线，两条虚线被称为羽化虚线。两条羽化实线中间的部分是清晰的，羽化实线到羽化虚线的部分渐渐模糊。

02 通过羽化实线上的白点可以调节整体四条平行线的角度，四条平行线会以中间的黑白圆环为圆心进行旋转，通过旋转羽化实线，我们可以让人物保持在两条羽化实线的中间部分，从而使人物保持清晰。▼

03 同时我们还可以分别调整这4条线的宽度，使照片达到我们想要的模糊效果。

04 使用“移轴模糊”滤镜对大场景进行处理，会让画面的主次更分明，也会给画面增加有趣的效果。

这里为大家介绍了“模糊画廊”滤镜组中的3种模糊滤镜的使用方法，相信大家对这些模糊滤镜有了新的认识。大家可以利用这些不同的模糊滤镜，让照片的画面变得更加丰富。

032 “锐化”滤镜组中有哪些滤镜

对画面进行“锐化”处理，可以提高画面的清晰度，增强画面的层次感。在Photoshop中，关于“锐化”的滤镜非常多。执行“滤镜>锐化”菜单命令，我们可以看到很多“锐化”滤镜，其中包括“USM 锐化”“防抖”“进一步锐化”“锐化”“锐化边缘”“智能锐化”等。在日常修图工作中，最常用的锐化滤镜主要是“USM 锐化”和“智能锐化”。接下来着重为大家介绍“USM 锐化”滤镜和“智能锐化”滤镜的使用方法。

USM 锐化：可以快速调整图像边缘细节的对比度，并在边缘的两侧生成一条亮线和一条暗线，使画面整体更加清晰。下面为大家演示“USM 锐化”滤镜的使用方法。

打开需要调整的照片，执行“滤镜>锐化>USM 锐化”菜单命令，在弹出的“USM 锐化”对话框中，设置“数量”为200%，“半径”为5.0像素，“阈值”不变，就可以得到明显的锐化效果。

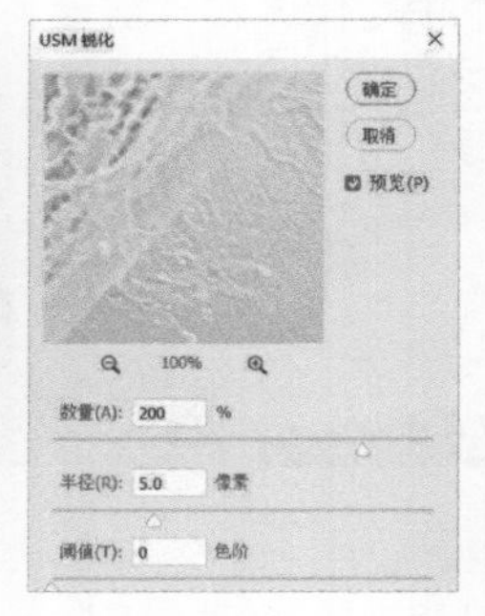

提示

在使用“USM 锐化”滤镜时，要注意照片中锐化对象的大小。例如，在对大场景中的人物进行锐化处理时，人物的比例小，那么锐化的“数量”也需适当减少。在对特写类人物进行锐化处理时，人物的比例大，那么锐化的“数量”也需适当增加。

智能锐化：“智能锐化”具有“USM 锐化”所没有的锐化功能，它可以设置锐化算法，控制在阴影和高光区域中的锐化量，并且能避免色晕等问题。使用“智能锐化”进行锐化可起到使图像细节清晰的作用。下面为大家演示“智能锐化”滤镜的使用方法。

01 打开需要调整的照片，执行“滤镜>锐化>智能锐化”菜单命令，在弹出的“智能锐化”对话框中可以对各参数进行设置。

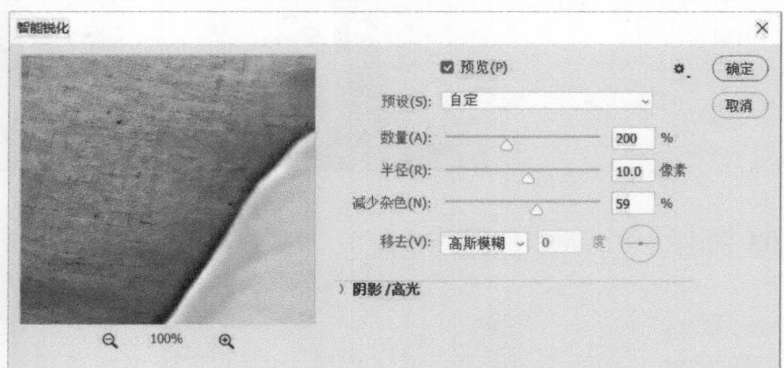

提示

“智能锐化”对话框中各选项的作用如下。

数量：设置的数值越大，像素边缘的对比度越强，照片看起来越锐利。

半径：决定边缘像素周围受锐化影响的锐化数量。半径数值越大，受影响的边缘就越宽，锐化的效果就越明显。

减少杂色：减少锐化后对画面产生的杂色，效果与“USM 锐化”设置面板中的“阈值”类似。

移去：设置对图像进行锐化的锐化算法。“高斯模糊”是“USM 锐化”滤镜使用的方法，“镜头模糊”将检测图像中的边缘和细节，“动感模糊”可以设置“角度”，从而减轻由于相机或主体移动而导致的模糊效果。

02 展开“阴影/高光”选项卡，可以看到“阴影”和“高光”的参数设置一样，即“渐隐量”“色调宽度”“半径”。

提示

“阴影/高光”中各选项的作用如下。

渐隐量：调整“阴影”或“高光”的锐化量。

色调宽度：控制“阴影”或“高光”色调的修改范围，向左移动滑块会减小“色调宽度”值，向右移动滑块会增加该值。

半径：控制每个像素周围区域的大小，该大小用于决定像素是在阴影还是在高光中。向左移动滑块是指定较小的区域，向右移动滑块是指定较大的区域。

原图

USM 锐化效果

原图

智能锐化效果

总的来说，“USM 锐化”和“智能锐化”的功能是非常相似的，“智能锐化”的细节控制要比“USM 锐化”更加精确，并且包含了“USM 锐化”的全部功能。当需要制作非常精确的照片锐化效果时，我们可以使用“智能锐化”以满足更高的要求。

033 “渲染”滤镜组中有哪些滤镜

这里主要讲的是“渲染”滤镜组，其中大部分滤镜完全可以根据个人喜好使用。在“渲染”滤镜组中，共包含了8种滤镜，分别是“火焰”“照片框”“树”“分层云彩”“光照效果”“镜头光晕”“纤维”“云彩”。其中，“光照效果”和“镜头光晕”滤镜比较常用。下面重点为大家讲解“光照效果”滤镜和“镜头光晕”滤镜的使用方法。

光照效果：“光照效果”滤镜可以模拟真实场景中环境光的效果。下面为大家演示“光照效果”滤镜的使用方法。

案例：用“光照效果”滤镜模拟真实的环境光

扫码看视频

• **视频名称：**用“光照效果”滤镜模拟真实的环境光　• **源文件位置：**第6章>033>用“光照效果”滤镜模拟真实的环境光.psd

如果为左下图添加真实的光照效果，照片的效果会更好。下面为大家演示使用“光照效果”滤镜模拟真实环境光的方法。

01 打开需要调整的照片，执行“滤镜>渲染>光照效果”菜单命令，此时画面上会出现两个圆环，看起来与“光圈模糊”滤镜有些相似，还可以看到“属性”面板和“光源”面板。

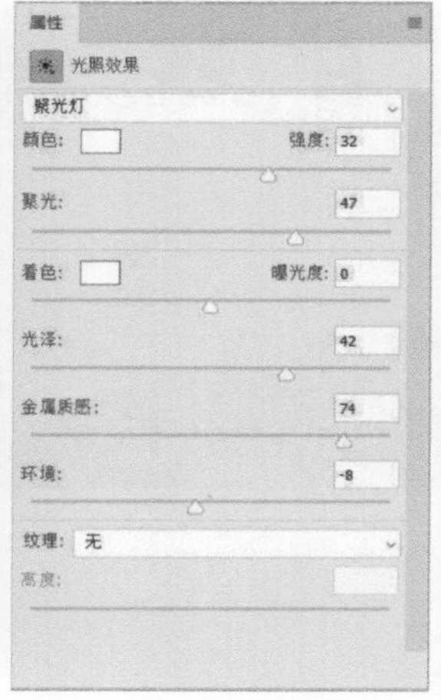

02 这里先了解一下画面中的两个圆环的作用和设置方法。与“光圈模糊”相似，画面中间也有一个黑白圆环，移动黑白圆环可以同时移动两个圆环。调整外围大圆环上的4个白点，可以让两个圆环整体放大或缩小，还可以改变圆环的圆度和旋转角度，从而使照片可以达到想要的光照效果。

03 现在来观察“属性”面板，第1个参数是“强度”，调节“强度”的数值可以控制两个圆环内照片的亮度，同时可以设置“着色”为照片增加色彩。通过观察我们可以发现，内部小圆环是最亮的，所以可以把小圆环以内的部分理解为光源。调节“强度”参数后，小圆环的亮度变化比较明显，小圆环到大圆环之间的光呈渐变效果，大圆环外面没有任何变化。

04 第2个参数是“聚光”，调节“聚光”的参数可以改变小圆环的大小，也就是改变光源的大小范围。

05 第3个参数是“曝光度”，主要用来控制照片中亮调部分的明暗，对阴影部分作用不大，与“强度”相同，“曝光度”也可以通过“着色”改变由“曝光度”变化带来的色彩。

06 第4个参数“光泽”和第5个参数“金属质感”的功能几乎相似，用来调整画面中的光影反差，强化或弱化画面中高光和阴影部分的对比。

07 最后一个参数是“环境”，用来调整整体画面的阴影部分的亮度，包括大圆圈以外部分画面的亮度。将“环境”设为35后，照片的光影看起来就比原片的光影更加有层次。

08 在“光照效果”的属性栏中单击“小灯泡”图标，创建一个新的点光效果，用来补充光照效果。此时，在“光源”面板中会有两个光效滤镜，删除不需要的光效滤镜即可。

09 移动新的“光照滤镜”中间的黑白圆环，对女士的裙摆部分进行补光，并调节“强度”和“颜色”参数。

10 设置完毕后，按Enter键，得到一张用“光照效果”滤镜制作出来的照片。

镜头光晕：“镜头光晕”可以为照片添加真实的光晕效果。下面为大家演示“镜头光晕”滤镜的使用方法。

提示

在制作光晕效果时，需要一点技巧。专业修图师一般不会直接在照片上添加“镜头光晕”滤镜，多数情况下，会先在图片上添加一个黑色图层，在黑色图层上添加“镜头光晕”滤镜，然后设置图层的混合模式为“滤色”。这样做的好处是方便调整“镜头光晕”滤镜的位置和细节。

案例：用“镜头光晕”滤镜为照片添加光晕效果

扫码看视频

• 视频名称：用“镜头光晕”滤镜为照片添加光晕效果 • 源文件位置：第6章>033>用“镜头光晕”滤镜为照片添加光晕效果.psd

左下方的图片的效果看起来比较“平”，下面试试使用“镜头光晕”滤镜为其添加光晕效果。

打开需要调整的照片，新建一个“黑色”图层，并在此图层上添加“镜头光晕”滤镜。执行“滤镜>渲染>镜头光晕”菜单命令，在弹出的“镜头光晕”对话框中设置“亮度”和“镜头类型”。设置完毕后，单击“确定” 确定 按钮，然后将“黑色”图层的混合模式更改为“滤色”，画面中就有了镜头光晕的效果。将光晕的角度和位置进行调整，此时可看到非常漂亮的画面效果。

为照片添加光效，可以让原本平淡的照片变得有生机。通过上述内容，相信大家都了解了“光照效果”和“镜头光晕”这两种光效滤镜的使用方法。除了使用Photoshop自带的一些光效滤镜，大家还可以运用一些插件和素材制作光效。

034 “杂色”滤镜组中有哪些滤镜

在“杂色”滤镜组中，包含“减少杂色”“蒙尘与划痕”“去斑”“添加杂色”“中间值”这5个滤镜。下面为大家简单讲解“杂色”滤镜组中各滤镜的使用方法。

减少杂色：可将图像进行模糊处理。在“减少杂色”对话框中有“强度”“保留细节”“减少杂色”“锐化细节”等多个参数选项，调节这些参数，可以在保留原照片的细节和清晰度的基础上减少画面中的杂色。总的来说，“减少杂色”滤镜可以适当消除照片中的一些杂色，但是未必能够达到理想的效果。在日常修图工作中的使用频率并不高。

蒙尘与划痕：与“减少杂色”的作用相同，通过更改图像中相异的像素来减少杂色。不同的是，“蒙尘与划痕”的效果更加明显，具有更强的模糊效果。在“蒙尘与划痕”对话框中有“半径”和“阈值”两个参数选项，“半径”控制“蒙尘与划痕”的范围大小，“阈值”调整整体色调，其数值越大照片越明亮，反之则越灰暗。

去斑：由软件自行设置参数来去除图像噪点的滤镜，结果无法控制，在日常修图工作中很少使用。

中间值：与“蒙尘与划痕”的作用非常相似，唯一不同的是，“中间值”中没有“阈值”参数选项。

添加杂色：可以用来为照片增添颗粒感，也是“杂色”滤镜组中最常被使用的滤镜。在“添加杂色”对话框中，“数量”用于控制杂色的密度，“分布”分为“平均分布”和“高斯分布”，可以根据自己想要的效果进行选择。还有一个“单色”选项，用来设置杂色的色彩是单色还是多色。总的来说，“添加杂色”滤镜可以让图片更有质感，有时被用来模拟胶片的颗粒感效果。

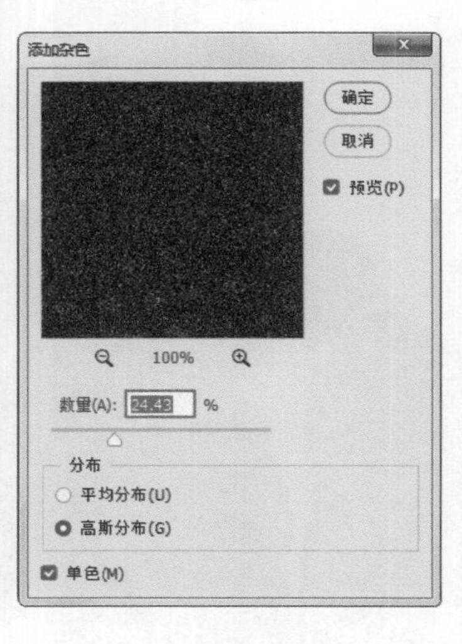

提示

需要注意的是，如果将“数量”参数设置得过大，会使得照片过于粗糙，但如果“数量”参数设置得太小，又会缺乏质感。所以往往在添加“添加杂色”滤镜之前需要先复制一个图层，并适当降低“添加杂色”图层的“不透明度”，这样就可以满足需求了。

“杂色”滤镜组中的5种滤镜都是关于增减杂色的滤镜。对于画面的杂色处理，需要控制好度。杂色太明显，画面会显得过于粗糙；杂色不明显，画面会显得过于柔和。大家要根据照片的不同风格，合理运用“杂色”滤镜组中的滤镜对照片进行调整。

035 如何利用“高反差保留”滤镜增强画面的质感

“高反差保留”滤镜是一种在人像修图工作中使用频率较高的滤镜。它的原理是删除图像中颜色变化不大的像素，保留色彩变化较大的部分，使图像中的阴影消失，边缘像素得以保留，高光部分更加突出。与“高斯模糊”滤镜的功能正好相反，“高反差保留”滤镜可以将图像的边缘进行强化。下面为大家讲解“高反差保留”滤镜的使用方法。

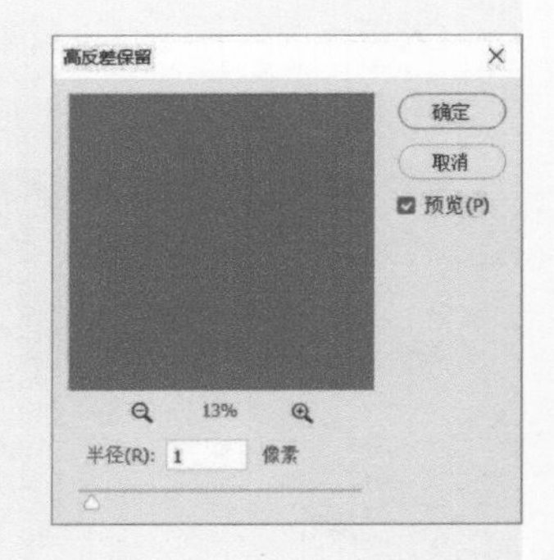

打开一张照片，执行“滤镜>其它>高反差保留”菜单命令，在弹出“高反差保留”对话框中可以对“半径”参数进行设置。在“其它”滤镜组中，还有“HSB/HSL”“位移”“自定”“最大值”“最小值”滤镜。

下面为大家演示如何利用“高反差保留”滤镜制作高质感的画面效果。

案例：用“高反差保留”滤镜增强画面的质感

• 视频名称：用“高反差保留”滤镜增强画面的质感　　• 源文件位置：第6章>035>用“高反差保留”滤镜增强画面的质感.psd

扫码看视频

左下方的图片中，人物的轮廓不是很明显，画面显得很平，下面利用“高反差保留”滤镜增强画面的质感，让人物的轮廓更明显一些。

01 打开需要调整的照片，然后复制一层背景图层，将复制的图层命名为“强化”。接着执行“滤镜>其它>高反差保留”菜单命令，此时“强化”图层变成了灰色，只能看到照片中的线条形状。然后设置“高反差保留”对话框中“半径”为10像素即可。

02 在制作高质感的效果时，一般会用到3种图层混合模式搭配“高反差保留”滤镜进行使用。将“强化”图层的混合模式设置为“柔光”，可以看到此时的画面比较柔和。

提示 一般情况下，在为照片制作普通的锐化效果时，将“半径”设置为1~3像素即可。

03 设置“强化”图层的混合模式为“叠加”，照片中的线条轮廓比较分明。

04 设置“强化”图层的混合模式为“线性光”，照片中的线条轮廓分明。

05 一般情况下，需要调整一下图层“填充”的数值，让“高反差保留”效果不要过于强硬。同时也要添加“图层蒙版”，擦除人物皮肤部分，否则皮肤会特别粗糙。一些太过于强硬的边缘线条也需要适当处理一下。

在日常修图工作中，修图师经常会用“高反差保留”滤镜来强化物体的轮廓。目前，一些流行的风格的照片都需要用“高反差保留”滤镜来强化质感，以达到理想的效果。

本章为大家讲解了各种滤镜的使用方法。总的来说，这些滤镜可以带给我们很大的帮助，我们可以利用这些滤镜制作出各种特殊的画面效果。

第 7 章

07

无所不能的通道

036 怎样理解通道
037 如何利用通道调出好看的色彩
038 如何利用通道制作选区并改变色彩
039 如何利用通道抠图
040 如何利用通道制作炫彩的效果

036 怎样理解通道

在使用通道之前，我们首先一起来了解一下通道的基本原理。在RGB色彩模式下，可以看到“通道”面板上有3个单色通道，分别是“红”“绿”“蓝”，也就是说一幅完整的图像是由“红”“绿”“蓝”3个通道组成的，并且这3个通道的缩览图都以灰度的形式呈现。

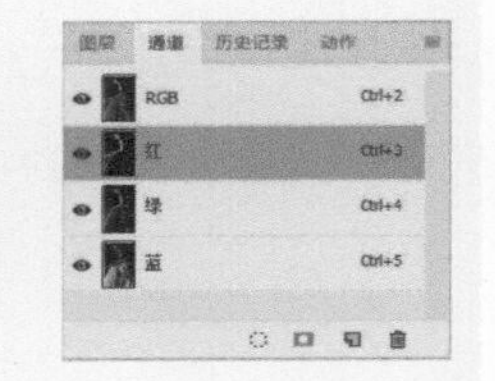

任意单击某个单色通道，其他通道前的“小眼睛”图标就会消失，处于不显示状态，这时看到的就是单通道的灰度图像。

当单击了“RGB”后，所有的通道都处于显示的状态，所有的“小眼睛”图标又重新出现，图像也恢复为彩色。

提示 这里大家需要注意的是，顶部的“RGB”不是通道，而是代表3个通道的综合效果。

根据以上对通道的简单介绍，大家可以发现通道实际上是一个单一色彩的平面，而Photoshop具有给彩色图片分色的功能，可以将三原色以3个通道的形式分别呈现，每一个单独的通道都以灰度模式呈现。任意一张照片中所含有的“红”“绿”“蓝”的比例是不同的，所以每一个单色通道所呈现出的灰度效果也是不同的。大家在了解通道的原理后，在利用通道制作选区或抠图时就能够更加熟练了。

“红”通道（R）

“绿”通道（G）

“蓝”通道（B）

观察3张不同通道下的图，我们可以分析出以下几点结论。

第1点，3个通道中人物肤色的高光部分都是白色的。这代表人物的高光部分RGB都有最高的亮度，那么可以判断这个地方是白色的或者接近白色。

第2点，3个通道中背景布的大部分都是黑色的，那么背景布的RGB的亮度较低，可以判断这个部分是黑色的或者接近黑色。

第3点，“红”通道中的裙子是黑色的，“绿”通道中的裙子也是黑色的，而“蓝”通道中的裙子是白色的，那么代表裙子的颜色是蓝色。

通过以上3点我们可以知道，当3个通道显示的部分都是白色时，那么代表这个部分就是白色的或者接近白色。当3个通道显示的部分都是黑色时，那么代表这个部分就是黑色的或者接近黑色。当某个部分有两个通道显示为黑色，另外一个通道显示的是白色时，那么这个部分的色彩主要是由显示为白色的通道的色彩构成的。同样的道理，任意关闭其中某个通道，“RGB”也会被关闭，照片也会呈现出色彩，不过不是完整的原图的色彩，缺少了被关闭的通道的色彩。

下面是关闭了“红”通道的效果，此时的图像颜色偏青色。

下面是关闭了“绿”通道的效果，此时的图像颜色偏洋红。

下面是关闭了“蓝”通道的效果，此时的图像颜色偏黄色。

提示

无论是在各类书刊，还是网络媒体中，有关如何使用通道的教程非常多，但还是有很多读者不能完全理解通道的使用方法。从个人角度来理解，关键的问题是在内容的表达方式上。也就是说，要从读者比较模糊的角度去阐述。如果通篇讲得很仔细，很专业，读者理解起来就会很吃力，会觉得通道的原理很抽象和深奥。相反的，先给读者一个含糊的解释，然后再讲解具体的操作方法，这样反而会使读者更容易理解。

通过上述内容，大家应该明白了通道的两个主要作用：一是不同选区呈现出的灰度不同，利用这个方法可以选择出更为精准的选区；二是每个通道呈现出的色彩不同，利用这个方法可以制作出极具特点的色彩效果。

037 如何利用通道调出好看的色彩

通过上一问对通道原理的讲解，大家应该了解了通道的基本作用。这里为大家讲解如何利用通道调出好看的色彩。

案例：用通道调出好看的“阿宝色”

扫码看视频

• 视频名称：用通道调出好看的“阿宝色”　• 源文件位置：第7章>037>用通道调出好看的“阿宝色”.psd

看左下方的这张照片，这是一张有绿植的照片，下面试试利用通道调出其他的效果，从而了解通道的调色功能。

01 打开需要调整的照片，复制背景图层，并命名为“阿宝”。在“通道”面板中，选择“绿”通道，使用快捷键Ctrl+A进行全选，然后使用快捷键Ctrl+C进行复制，接着选择“蓝”通道，使用快捷键Ctrl+V进行粘贴。选择“绿”通道的内容，然后将“绿”通道的内容完全覆盖到“蓝”通道上，照片的色彩就得到了改变。

02 适当降低“阿宝”图层的“填充”后，就可以得到我们想要的“阿宝色”了。

提示　“阿宝色”实质是将原本“红”“绿”“蓝”通道变成了“红”“绿”“绿”通道。根据这个思路大家还可以调出其他的色调。

在对以上的照片进行调色时，运用的是替换通道的方式，将其中一个单色通道的色彩复制到另外一个单色通道上，从而得到一种特殊的色调。下面继续为大家演示利用单色通道的色彩反转得到特殊色彩的方法。

案例：用通道调出特殊的色彩效果

扫码看视频

• 视频名称：用通道调出特殊的色彩效果　• 源文件位置：第7章>037>用通道调出特殊的色彩效果.psd

在左下方是一张色彩比较丰富的照片，下面试试如何利用通道改变照片中的色彩，让其显得更加复古。

01 打开需要调整的照片，复制背景图层，并命名为“通道反转”。在“通道”面板中，选择“蓝”通道，注意“RGB”的“小眼睛”图标是显示的状态。这次要用到“应用图像”命令进行操作。执行“图像>应用图像”菜单命令，弹出“应用图像”的对话框。刚才选择了“蓝”通道，所以在“通道”选项中显示的是“蓝”，勾选“反向”，此时可以看到照片的颜色变成了通透的黄色，这就是“蓝”通道反转后的色彩效果。如果感觉黄色的色调过于浓厚，可以将“不透明度”的数值调小，设置完毕后，单击“确定” 确定 按钮。

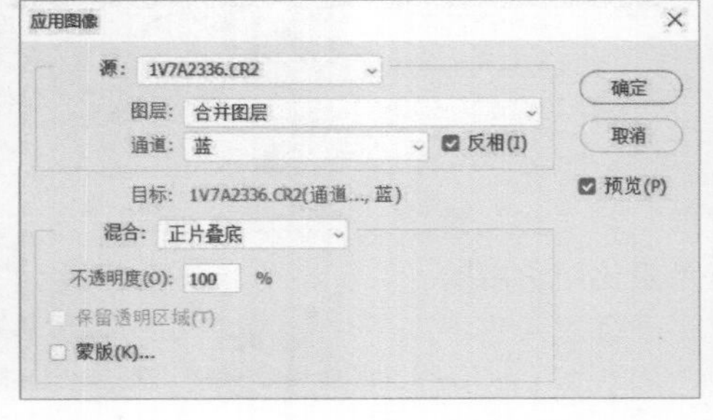

02 选择“绿”通道，继续执行“图像>应用图像”菜单命令，在弹出的“应用图像”对话框中勾选“反相”，此时照片的洋红色的色调过重，需要设置“不透明度”为10%，色调看起来比刚才的舒服多了。

03 选择“红”通道，再次执行“图像>应用图像”菜单命令。需要注意的是，不要勾选“反相”，因为反相后的色彩太过清冷。然后将“不透明度”设置为10%即可。利用“应用图像”命令对单色通道进行反转控制，再通过3个通道的色彩混合，就可以得到特殊的色调了。

04 可以将“通道反转”图层的“填充”数值降低一些，让色彩不至于太过浓重。至此，一张色调非常漂亮的照片就出来了。

提示 在“应用图像”对话框中，通过对各通道的“不透明度”的设置，可以搭配出不同的色调。利用反转通道制作出的效果不同于其他调色工具制作出的效果，具有正片负冲的感觉，可以让照片具备独特的复古风格。

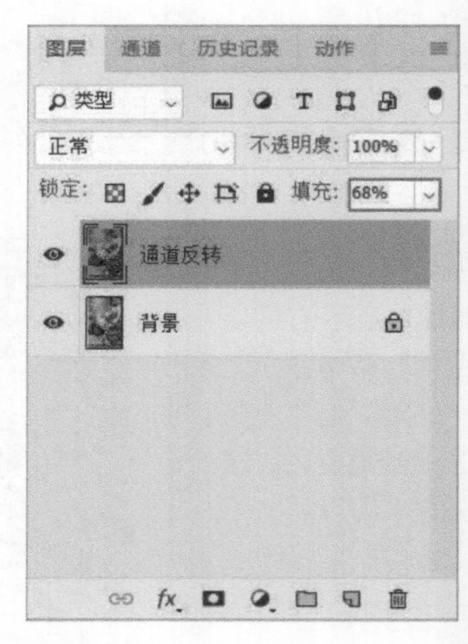

在调色的过程中大家可能会发现，笔者之所以先选择“蓝”通道，然后选择“绿”和“红”通道，是因为“蓝”通道反转后的黄色是比较常用的色彩，其他两个通道的反转色调仅用于搭配，也不需要保留太多的“不透明度”。

038 如何利用通道制作选区并改变色彩

上一问为大家讲解了利用不同的单色通道为照片调色，不同颜色通道信息建立的选区也是有区别的。接下来为大家讲解如何利用通道制作选区，以及制作选区后如何调整图像的色彩。

案例：用通道制作选区并改变色彩

扫码看视频

• 视频名称：用通道制作选区并改变色彩　• 源文件位置：第7章>038>用通道制作选区并改变色彩.psd

接下来通过通道来制作选区，然后改变左下方照片的色彩。下面看看具体的操作方法。

01 打开需要调整的照片，转到“通道”面板，按住Ctrl键，单击“RGB”或其他单色通道，此时就可以在照片上看到选区。选区选择的范围代表的是照片中高光的部分。

02 通过通道制作的高光选区，可以对照片中的高光单独进行调整，有助于将照片颜色调整得更加通透。观察一下这张照片的3个单色通道的灰度图像，将“红”“绿”“蓝”3个单色通道的灰度图像进行对比，会发现每个图像的光影层次有所差异。在3个单色通道中，“绿”通道的光影层次较好。

提示　通过通道制作的选区是虚化的选区，与用其他方法制作的选区不同，不需要对选区进行“羽化”操作。

03 重复刚才的操作，按住Ctrl键单击“绿”通道，生成高光选区。因为“绿”通道比其他通道的光影层次要好，所以其高光选区的细节也是最丰富的。回到“图层”面板，使用快捷键Ctrl+J复制选区，将高光选区生成新的图层并重命名为“高光”。在“高光”图层上执行“图形>调整>曲线”菜单命令，提亮“高光”图层的亮度。此时，照片的高光部分就会被单独调亮。

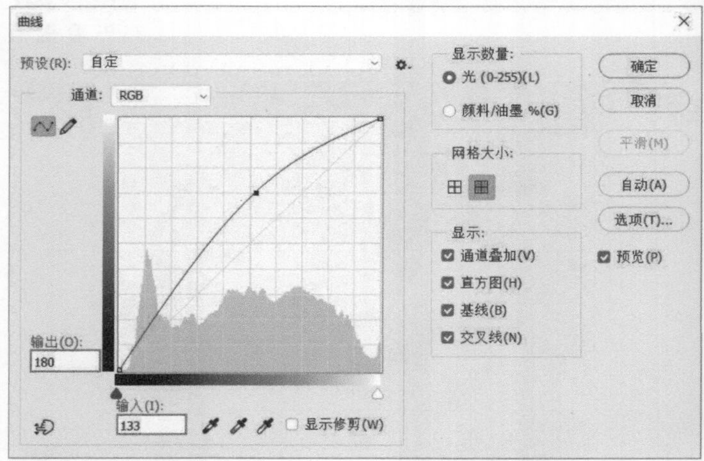

04 同样，还可以将通道选区进行反转来获取照片阴影部分的选区。回到“通道”面板，按住Ctrl键单击“绿”通道生成高光选区，然后执行“选择>反选”菜单命令，现在通道的选区范围就变成阴影部分了。

05 回到“图层”面板，使用快捷键Ctrl+J复制阴影选区，将阴影选区生成新的图层并重命名为“阴影”，这样就可以对阴影部分单独进行调整。

在日常修图工作中，制作高光选区和阴影选区时，会经常用到“反选”菜单命令，并且还可以配合其他的命令进行使用。

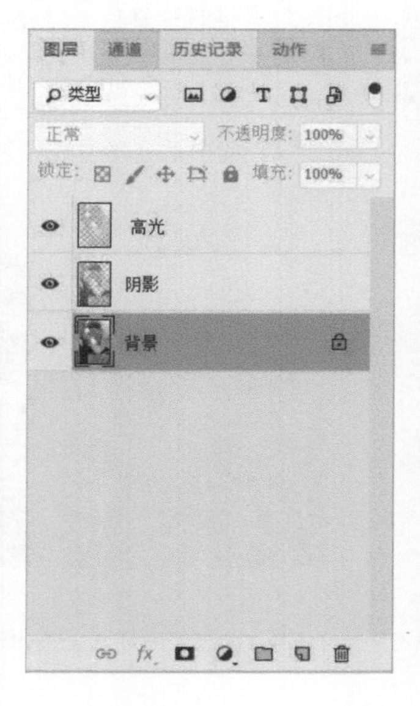

039 如何利用通道抠图

抠图是修图师经常谈论的话题。抠图可以改变人物的背景，将人物与其他的背景进行合成，让照片产生很大的变化。抠图的方法有很多种，专门用来抠图的插件也非常多。这里为大家讲解如何利用通道进行抠图。

案例：用通道抠图

• 视频名称：用通道进行抠图　　• 源文件位置：第7章>039>用通道进行抠图.psd

在选择需要抠图的照片时，最好选择一张人物照，且人物轮廓分明，没有多余的背景。如果背景颜色与人物肤色或衣服的颜色太过相近，那么利用通道抠图就比较困难了。

01 打开需要抠图的照片，在“通道”面板中选择一个人物与背景明暗反差比较大的单色通道。这里选择“蓝”通道。

02 复制一层“蓝”通道，将复制得到的通道命名为“抠图”。选择“抠图”通道，执行“图像>调整>色阶”菜单命令，在弹出的“色阶”对话框中滑动“输入色阶”的滑块，让照片形成超强的黑白反差。注意照片的细节和轮廓，不要让手提包失去轮廓，否则手提包就抠不出来了。

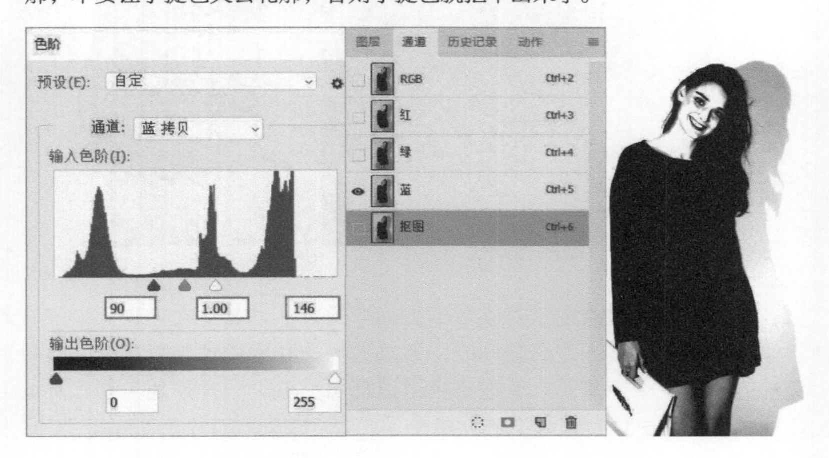

03 设置前景色为黑色，用“画笔工具”将人物部分完全涂黑，然后把背景部分处理成白色。此时人物的影子很难处理，可执行“图像>调整>色阶”菜单命令，在弹出的“色阶”对话框中滑动“输入色阶”的滑块，增加照片的黑白反差，这样人物的影子就消失了。

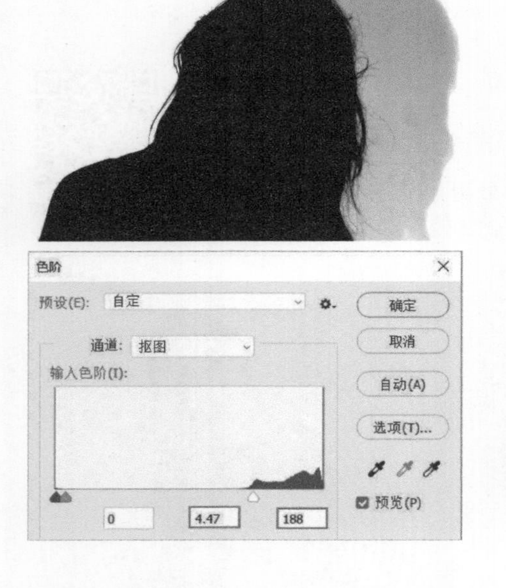

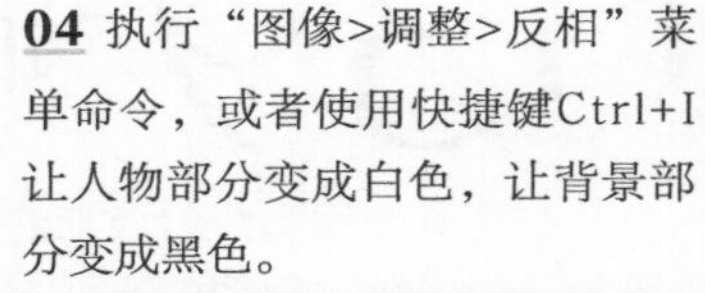

04 执行“图像>调整>反相”菜单命令，或者使用快捷键Ctrl+I让人物部分变成白色，让背景部分变成黑色。

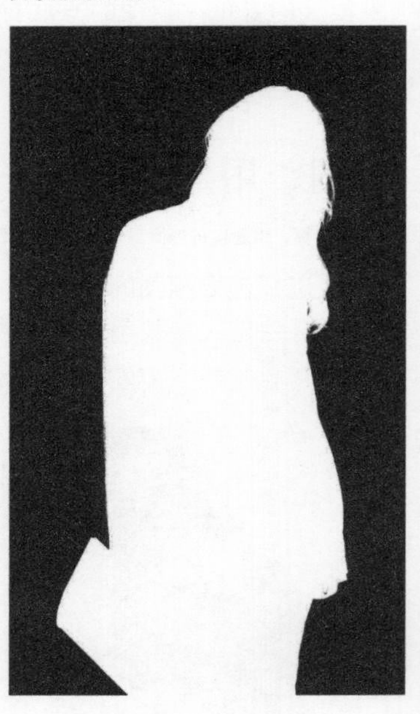

05 单击“通道”面板下的“将通道作为选区载入”按钮，然后显示“RGB”通道，删除“抠图”通道。回到“图层”面板，可以看到人物部分被选区选中。使用快捷键Ctrl+J复制选区，得到一个新的图层，然后将背景图层直接删除，抠图完成。

06 可以为人物选择一张漂亮的背景图片。选择背景图片的时候一定要注意，背景图片的颜色尽量与原背景图片的颜色相接近，否则人物边缘会有明显的抠图痕迹。

通道抠图的优点在于对细节的处理非常好，尤其是在处理头发等较难处理的内容时，表现尤为出色。当然通道抠图也是有一定局限性的，如果人物的衣服颜色与背景的颜色接近，头发的颜色与背景的颜色接近，背景的色彩过于丰富等，就很难用通道抠图。总之，大家还是要多加练习，慢慢熟悉通道抠图的特性，就知道什么样的照片适合用通道进行抠图了。

040 如何利用通道制作炫彩的效果

在杂志或光盘的封面上，经常能看到具有非常炫酷的炫彩效果的照片，特别引人注目。下面给大家讲解炫彩效果的制作方法。

案例：用通道制作炫彩的效果

扫码看视频

• 视频名称：用通道制作炫彩的效果　　• 源文件位置：第7章>040>用通道制作炫彩的效果.psd

在选择需要抠图的照片时，最好选择一张时尚风格的照片，这样在与炫酷的素材搭配时，风格会更统一。

01 打开需要处理的照片，在“通道”面板中，选择人物与背景明度反差较大的单色通道。在这张照片中选择“蓝”通道，复制该通道，将复制得到的通道重命名为“抠图”，然后执行“图像>调整>色阶”菜单命令，然后滑动“输入色阶”的滑块，让照片形成较为强烈的黑白反差效果。

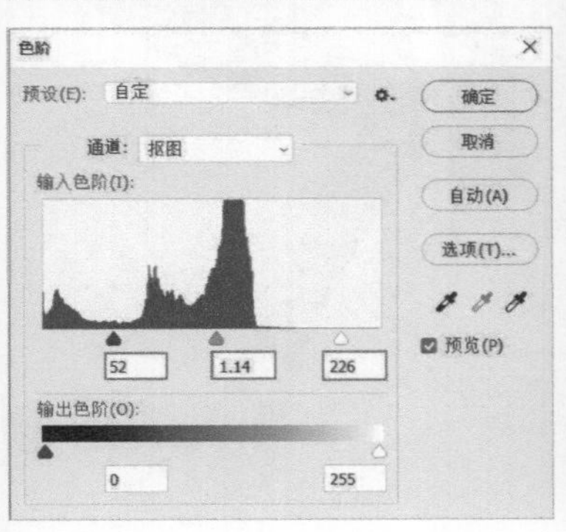

02 设置前景色为黑色，用“画笔工具”将人物部分涂成黑色（这张照片很难形成强烈黑白反差效果，需要借助“钢笔工具”将人物与背景分离）。

03 执行“图像>调整>色阶”菜单命令，然后滑动“输入色阶”的滑块，将照片中背景的部分处理成白色。背景中如果有残留的黑色部分，依然可以使用白色画笔进行涂抹。

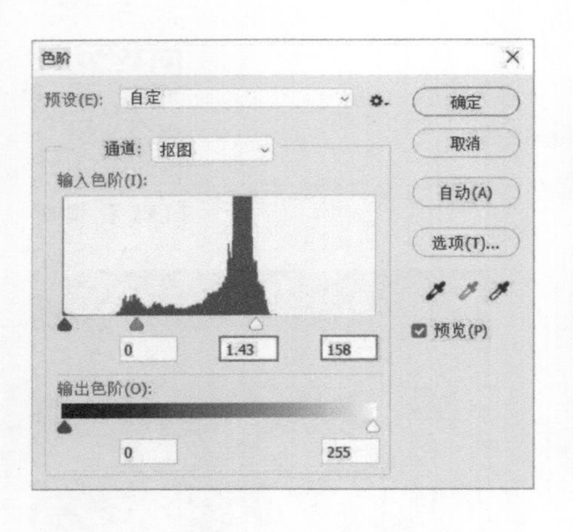

04 执行“图像>调整>反相”菜单命令，将人物部分变成白色，将背景部分变成黑色。

05 单击“通道”面板下方的“将通道作为选区载入” 按钮，然后显示“RGB”通道，删除“抠图”通道，此时可以看到人物部分被选中。

06 回到“图层”面板，使用快捷键Ctrl+J复制选区，将复制得到的新图层重命名为“人物”，然后删除背景图层，抠图完毕。

07 进行到这一步时，可利用通道进行调色。选择“蓝”通道，执行“图像>应用图像”菜单命令，勾选“反相”，设置“不透明度”为60%，其他参数保持默认设置即可。

08 同样，选择“绿”通道，执行“图像>应用图像”菜单命令，勾选“反相”，设置“不透明度”为5%，其他参数保持默认设置即可。

09 选择“红”通道，执行“图像>应用图像”菜单命令，勾选“反相”，设置“不透明度”为5%，其他参数保持默认设置即可。最后，得到一张人物肤色为金属色调的照片，调色完毕。

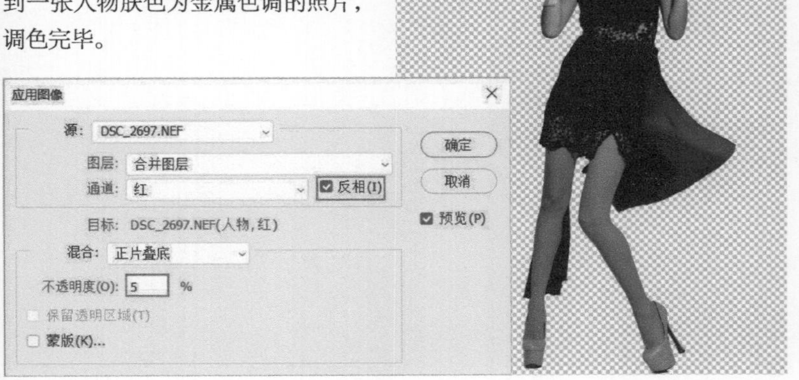

10 为人物添加一张有梦幻效果的背景。

11 在“通道”面板中选择“红”通道，使用快捷键Ctrl+A全选“红”通道，然后使用“移动工具”✥轻微地移动“红”通道。

12 显示“RGB”通道，具有炫彩效果的照片就制作好了。利用同样的方法，还可以尝试移动其他通道，看看会制作出什么样的炫彩效果。

提示 尽量不要同时移动多个通道，否则画面看起来太过凌乱，轻微移动其中一个通道即可。

有关通道的知识就为大家讲解到这里，相信大家对通道已经有了全新的认识。只要大家合理利用通道，就可以轻松地调修照片，制作出更多精美的作品。

第 8 章

08

提高原片质量的Camera Raw

041 Camera Raw中都有哪些实用的功能
042 如何控制转档的基础光影
043 如何调出干净和通透的肤色
044 如何把控照片的色彩属性
045 如何控制画面局部的曝光与色彩
046 如何使用局部调整工具制作唯美的画面效果

041 Camera Raw中都有哪些实用的功能

在处理一张照片时，需要先为照片转档。转档是我们拿到照片后的第一步工作，也是非常关键的一步。理论上来说，如果能将转档做到完美，调修照片的工作基本就完成了60%。

首先，我们需要知道为什么要转档，以及RAW格式与JPG格式有什么区别。RAW格式是专业摄影师常用的照片格式，它能保存拍摄数据，使用户能够对照片进行大幅度的后期设定，如调整白平衡、曝光程度和颜色对比等设定，也特别适合新手用来补救拍摄失败的照片。无论修图师在后期制作中做了什么改动，照片也能恢复到初始状态。JPG格式是有损的压缩格式，也是通用的格式文件，方便预览和打印，但照片的细节与层次无法还原。转档的目的就是将RAW格式文件处理成高质量的JPG格式文件。转档的工具有很多种，其中包括Photoshop内置的Camera Raw和Lightroom插件。这里主要为大家讲解如何利用Camera Raw将照片转档，以获得高质量的JPG照片。

在Photoshop中打开一张RAW格式的照片，会自动进入“Camera Raw”对话框。我们先来认识一下“Camera Raw”对话框。

工具栏

缩放工具：放大或缩小窗口中图像的显示比例。

抓手工具：移动窗口中图像的显示位置。

白平衡工具：在图像中单击相对接近白色的位置，就可以以当前位置的色彩为参考，校正照片的白平衡。

颜色取样器工具：在图像中单击，建立颜色取样点，可以查看取样像素的颜色值，以便于我们在调整照片色调时观察颜色的变化。

目标调整工具：选择该工具后，在打开的下拉列表中可以选择一个选项（或在图像中单击鼠标右键），其中包括“曲线”“色相”“饱和度/明度”“灰度混合”，然后在图像中按住鼠标左键并上下拖曳鼠标即可调整对应的效果。

变换工具：可用于裁切图像，但只能向内裁切，不能向外裁切扩展。

污点去除：类似Photoshop中的“污点修复画笔工具”，但在转档中很少对污点进行修饰。

红眼去除：可以去红眼。将鼠标指针放在红眼区域，按住鼠标左键并拖出一个选区，选中红眼，放开鼠标后会使选区大小适合瞳孔。拖曳选框的边框，使其选中红眼，就可以校正红眼。

调整画笔：以画笔的形式处理局部图像的曝光度、亮度、对比度和颜色等。

渐变滤镜：以渐变的形式处理局部图像的曝光度、亮度、对比度和颜色等。

径向滤镜：以椭圆形的区域选择并处理局部图像的曝光度、亮度、对比度和颜色等，是新版本的Camera Raw中增加的功能，集合了“调整画笔”和“渐变滤镜”的优点。

选项对话框：选择“选项对话框”，可以打开Camera Raw首选项对话框，进行设置。

旋转工具：可以逆时针或顺时针旋转文档窗口中的图像。

图像调整选项卡

基本：主要用于调整照片的基础光影、色温色调、饱和度和白平衡等。

色调曲线：使用参数滑块或点曲线对照片的亮度和色调进行细节调整。

细节：主要用于对图像进行锐化处理或减少杂色。

HSL/灰度：使用色相、饱和度和亮度调整图像中的色彩属性，与Photoshop中的“色相/饱和度”命令相似，可以用“目标调整工具”代替滑块的调整。

分离色调：对图像中的高光部分或阴影部分的色调进行调整。

镜头校正：补偿相机镜头造成的色差、扭曲和晕影等。

效果：模拟胶片颗粒效果或调整晕影效果的细节等。

相机校准：主要用于调节图像中三原色的色相和饱和度，让照片的色调达到某种效果。

预设：将多组图像调整存储为预设并运用，方便将调整后的参数套用于其他图像。

快照：创建处理照片过程中的某个中间过程的照片，记录处理过程中的任意状态。

工作流程选项

选择“工作流程选项”模块后，可以对输出的色彩空间和图像大小等进行设置。其中最关键的是在更改色彩空间时，默认的色彩空间为“Adobe RGB”，一般情况下要更改为“sRGB”，否则会与Photoshop的色彩空间不吻合，出现色差。

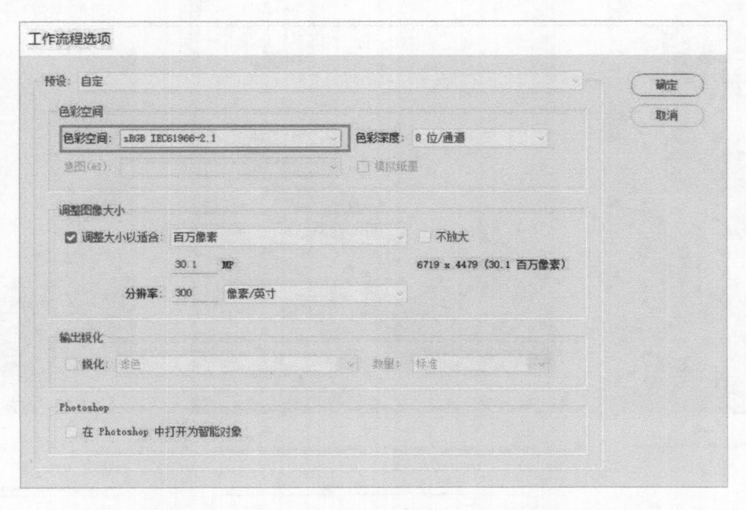

这里主要为大家介绍了Camera Raw中的功能，接下来为大家详细讲解Camera Raw中各功能的具体使用方法。

042 如何控制转档的基础光影

很多人在转档的过程中会感到无从下手，不了解转档软件的工具及参数，每次转档全靠运气。这里先来讲解下图像调整选项卡中“基本”面板的各个参数设置。“基本”面板主要用于控制照片的基础光影。如果能够合理控制基础光影，照片后续的调整会非常顺利。

先来认识一下“基本”面板中的各参数。

色温：可以简单理解为用来调整照片的冷暖。低色温照片整体颜色偏蓝，照片会显得比较冷清；高色温照片整体颜色偏黄，照片会显得比较鲜艳。

色调：滑块向左，照片颜色偏绿；滑块向右，照片颜色偏洋红。

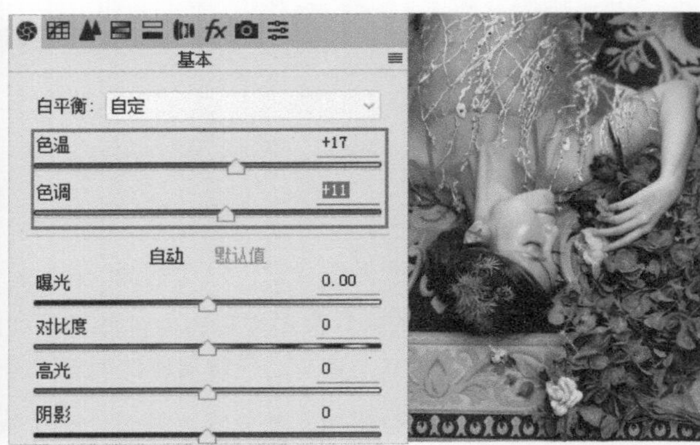

自动：单击“自动”自动按钮后，Camera Raw会自动对图像的基本光影进行校正。该按钮一般用于调整原片的曝光和其他基本光影参数不理想的照片。需要注意的是，校正后的效果未必是我们所希望的，所以在使用“自动”调整时需要看运气，但是一般情况下还是要比原片的光影效果好一些。

曝光：用来控制图像整体的亮度。很多人喜欢让照片看起来很明亮，觉得照片的曝光度越高，照片看起来越干净。但过亮会使照片失去细节，后续也没有足够的调整空间。因此，调整后的照片亮度应该比我们想要的最终图像的亮度暗一些，这样可以保留更多图像的细节，后续也有足够的调整空间。

对比度：用来调整照片的整体光影反差。对比度强，图像看起来比较有层次感；对比度弱，图像看起来比较灰蒙蒙的。但是在转档时，不建议将对比度设置得太大。因为调整照片的对比度，其实就是让高光更亮，让阴影更暗，如果对比太大，可能会让图像中的高光过于明亮或阴影过重。因此可以对高光、阴影、白色和黑色这4个参数分别进行调整，让图像的对比度达到理想的状态。

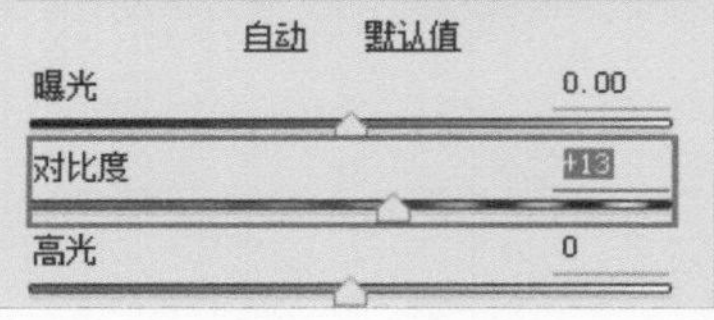

高光：对应的是照片中偏亮的部分。从理论上讲，高光越明亮照片会显得越干净通透。但实际的操作经验告诉我们，高光过于明亮，会让图像缺乏明度，并且会损失照片的光影细节。所以一般情况下，在基础光影设置中，高光不应过于明亮，甚至在操作中有时会故意压暗高光的亮度。

阴影：对应的是照片中偏暗的部分。理论上图像中阴影的亮度越暗，照片看起来就越有层次感，阴影与高光形成的反差也就等同于增加了图像的对比度。

白色：对应的是高光中最亮的部分。高光被压暗了之后，照片会看起来灰蒙蒙的，这个时候就要用到白色。将图像中白色的范围增大，就能解决照片看起来灰蒙蒙的问题，并且不会影响照片高光的光影层次。

黑色：对应的是阴影中最暗的部分。如果图像的阴影过暗，难免会出现“死黑”的情况，这个时候就需要对阴影的细节进行调整。在阴影足够暗的前提下，适当减少黑色的范围，就会恢复照片的阴影的细节，不至于让照片“死黑”一片。

清晰度：适当为图像增加清晰度，会让图像具有轮廓感，从而看起来更加清晰。但要控制好数值，不要设置得太大，一般在5~10即可。“清晰度”的数值过大，会增加图像的颗粒感，并且让图像的线条轮廓显得非常粗糙。

自然饱和度/饱和度：在转档时，建议不要对“自然饱和度”和“饱和度”进行调整。因为增加图像整体的饱和度，会让图像看起来过于艳丽；降低图像整体的饱和度，会让图像看起来很陈旧。在转档时，可以对其他参数进行设置，对图像局部或某些色彩单独进行调整。

关于“基本”面板的参数设置就为大家介绍到这里。整体来说，在“基本”面板上进行操作时，并不是要让照片达到最终的效果，而是要让照片的光影处于一种可控的状态，为我们在转档后对图像细节的控制留下足够的调整空间。所以千万不要认为转档的每一步设置都要达到最终想要的效果。

043 如何调出干净和通透的肤色

上一问讲解了照片的基础光影调整。这里我们将延续之前的步骤，把图像中人物的肤色调整得更加干净和通透。那么如何将肤色调整得干净、通透呢？需要注意以下几点。

第1点，光影过渡明显。如果皮肤的光影太“平”，就会缺乏立体感，感觉灰蒙蒙的。

第2点，肤色相对明亮。色彩明度的高低在同一张图中是相对的，高明度的颜色相对突出并且干净。在一张图像中，肤色相对其他部分的明度要偏高一些。

第3点，肤色的饱和度不要过高。生活中，我们会感觉某些人的皮肤比较白皙，同时也会觉得白皙的皮肤会显得人很干净。图像中所谓的白皙，其实就是指皮肤没有明显的颜色。在图像中饱和度越低，颜色越不明显，从而也就实现了白皙干净的效果。

照片中的光影关系大体分为高光和阴影，分别代表照片中的亮部与暗部。如果细分的话，可以把高光和阴影中间的部分称为中间调，又把中间调中偏亮的部分称为亮调，偏暗的部分称为暗调。实际上，中间调的光影更加适合于人物皮肤部分，因为人物皮肤部分一般不会太亮或太暗。

在“色调曲线”面板中，将“亮调”提亮，将“暗调”压暗，其实就是增强中间调部分的对比。这样会让图像中的光影更加细腻、立体。同时，亮调实质上比较接近高光部分，将亮调提亮，一定会影响到高光，高光也会跟着亮调被提亮。所以一般情况下，亮调被提亮，高光需要适当压暗。同样，暗调实质上比较接近阴影，如果将暗调压暗，一定会影响到阴影，阴影也会跟着暗调被压暗。所以一般情况下，暗调被压暗，阴影需要适当提亮。

在“HSL/灰度”面板中，可以通过“HSL/灰度”对图像中任意一种颜色的色彩属性进行单独设置。先来看“明亮度”，将“橙色”滑块向右滑动，会发现人物的肤色会变亮，看起来更加干净明亮。将“绿色”的滑块向左滑动，背景的绿植会变暗。这样让肤色变亮，背景颜色变暗，从而产生画面中的色彩明度对比，会让图像看起来格外有层次，主次关系更加清晰。

调整“饱和度”。将“橙色”的滑块向左滑动，肤色变淡，皮肤看起来变得更白皙了。此时，图像中的皮肤比未调整饱和度之前的看起来要更加白皙通透。简单的处理就可以调整出理想的效果。

HSL / 灰度

转换为灰度

色相 饱和度 明亮度

默认值

红色	0
橙色	-13
黄色	-2
绿色	0
浅绿色	0
蓝色	0
紫色	0
洋红	0

提示 想要将皮肤处理成“白皙”的感觉，就要提高肤色的明度，降低肤色的饱和度。低饱和度和高明度的肤色看起来更干净淡雅。饱和度越高，肤色看起来越浓重，皮肤的色差也就越明显。因此要降低肤色的饱和度，让色彩不明显。明度越低，肤色看起来就越会有一种很闷、不通透的感觉。因此要提高肤色的明度，让肤色更透气。

上述内容着重讲解了如何让人物的肤色变得干净和通透。对于以上这张照片来说，我们基本完成了转档部分的操作。大家在整个转档的过程中可以发现，只要抓住重点，逐一对转档参数进行设置，就可以很轻松地完成转档。

044 如何把控照片的色彩属性

在转档的过程中，除了要控制好RAW格式文件的光影，还要控制好其色彩属性的细节。运用好色彩的层次，可以增强照片的层次感和立体效果。接下来为大家讲解如何把控图像中的色彩属性，让照片变得充满活力。

案例：调整照片的色彩属性

扫码看视频

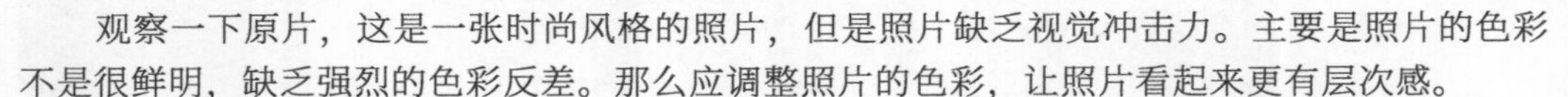

• 视频名称：调整照片的色彩属性　• 源文件位置：第8章>044>调整照片的色彩属性.psd

观察一下原片，这是一张时尚风格的照片，但是照片缺乏视觉冲击力。主要是照片的色彩不是很鲜明，缺乏强烈的色彩反差。那么应调整照片的色彩，让照片看起来更有层次感。

01 打开一张RAW格式的照片，会自动进入“Camera Raw”对话框，在“基本”面板中，先调整好照片的基本光影，增强照片的密度感。再压暗高光，增加白色范围，使照片在增强密度感的前提下，不影响照片的光影层次。在“色调曲线”面板中，提亮照片中的亮调部分，适当压暗照片中的暗调部分，增强照片中间调的光影反差，此时照片的光影看起来就更加立体了。

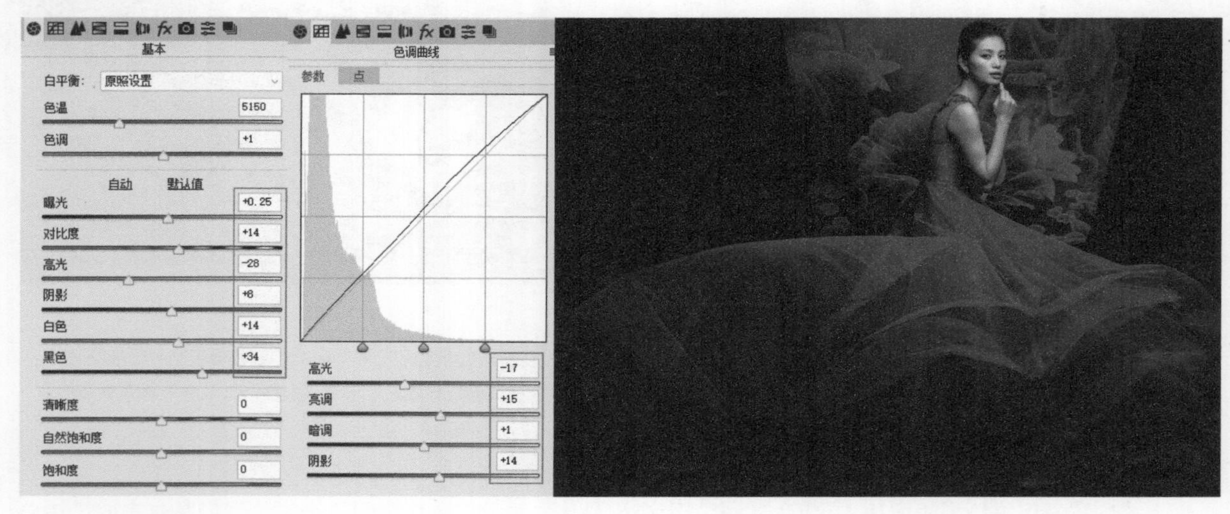

提示 在“色调曲线”面板中对“亮调”和“暗调”的调整，其实相当于在Photoshop中对“曲线”的调整。提高“亮调”，降低“暗调”，可以让照片更加通透。

02 下面开始调整照片的色彩属性。在“HSL/灰度”面板中，先来调整“明亮度”的参数。增加“橙色”和“红色”的明亮度，降低“蓝色”和“紫色”的明亮度。此时，高明度的肤色与低明度的衣服颜色形成明度反差，增强了画面中的色彩层次。

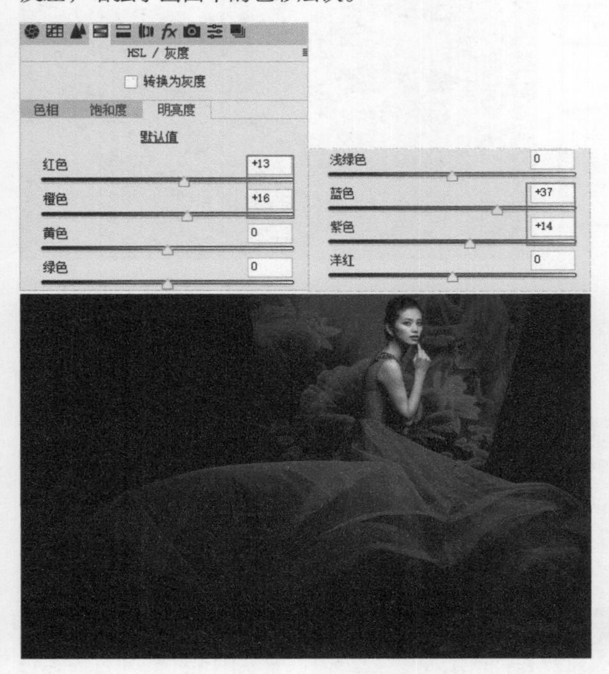

03 再来调整“饱和度”的参数。增加“蓝色”和“紫色”的饱和度，强化照片中色彩的饱和度，让颜色变得更鲜艳。降低“红色”和“橙色”的饱和度，让肤色看起来更加白皙。这样高饱和度和低饱和度的色彩形成对比，让照片看起来更加时尚。

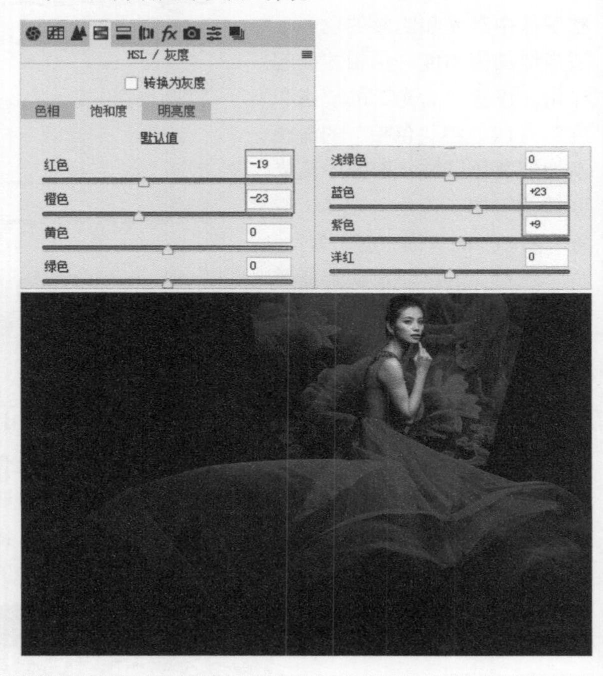

提示 肤色中含有红色和橙色，当我们调整皮肤的颜色时，就会发现“红色”和“橙色”的参数同时发生了变化。但同时，我们发现人物衣服的颜色也含有橙色，如果我们增加衣服颜色的饱和度，肤色的饱和度也会同时增加。在这种情况下，就一定要考虑到增加衣服颜色饱和度对肤色的影响，千万不要为了让衣服的色彩更加鲜艳，而让皮肤的颜色饱和度过高。

04 调整“色相”的参数。黄色与蓝色是一对补色，在时尚风格的照片中要尽量强化补色的对比，以增强照片的视觉冲击力。衣服的色彩偏蓝紫色，与黄色的肤色不能形成绝对的补色，所以需要稍微调整衣服的色相，并且让肤色再黄一些，和衣服的颜色形成撞色，这样画面看起来就更加有视觉冲击力了。

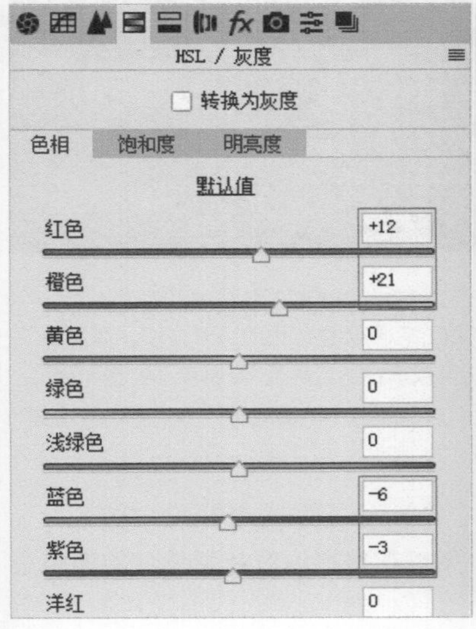

05 对色彩属性的调整到这里还没有结束，再来看一下“分离色调”面板。它可以单独调整图像中高光和阴影的色彩。适当增加饱和度，色相才能起作用。设置“高光”的“饱和度”为14，将“色相”的滑块滑动到黄色区域，图像中高光区域就增加了黄色。同样，设置“阴影”的“饱和度”为7，将“色相”的滑块滑动到蓝色区域，图像中阴影区域就增加了蓝色。

提示　为了让图像更加具有立体感，一般会在“高光”和“阴影”中增加不同色温的颜色。

06 再来研究一下“相机校准”面板。“相机校准”面板中主要设置的就是原色的饱和度。在RGB模式下，图像中任何的色彩都由三原色组成。“红原色”主要影响图像中的红色和橙色，“绿原色”主要影响图像中的绿色、黄色和青色，“蓝原色”主要影响图像中的青色、蓝色和品红。在这张照片中，我们希望肤色的饱和度不要太高，所以可以将“红原色”的“饱和度”降低一些，这样肤色看起来就更干净，接着可以适当增加“绿原色”的“饱和度”，这样照片中的肤色就更加明显，再增加“蓝原色”的“饱和度”，让衣服的颜色更蓝。

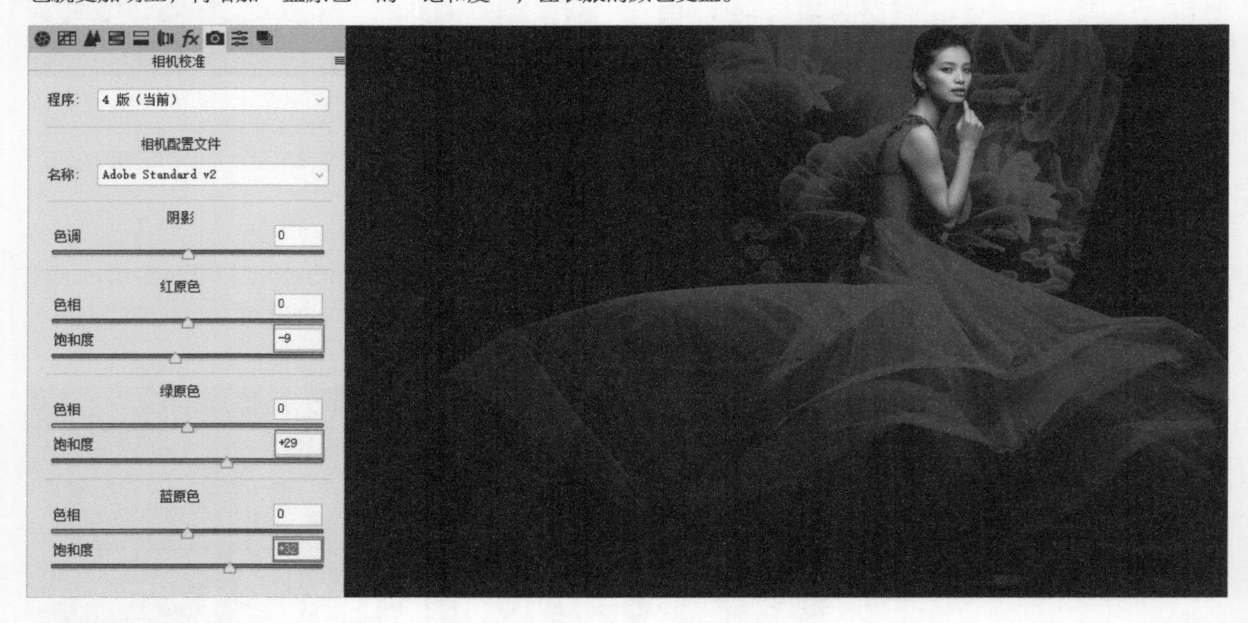

提示　适当降低“红原色”会让皮肤看起来更白皙，但前提是图像中不能含有大面积的红色，否则会使红色的色彩变旧。“绿原色”的饱和度需根据画面的效果进行调整，如果感觉画面中草地的颜色太鲜艳，肤色太黄，可以选择适当降低“绿原色”的“饱和度”，反之则需要增加“绿原色”的“饱和度”。“蓝原色”除了可以影响天空和大海的颜色，也会影响肤色中的品红色，一般情况下，增加一些“蓝原色”的“饱和度”，不但让天空海的颜色变得鲜艳纯净，还会让皮肤变得红润。

在转档的过程中，对色彩属性的调整可以让图像中的色彩变得丰富。所以在转档中对色彩属性的调整是非常关键的一步。

045 如何控制画面局部的曝光与色彩

在转档的过程中会发现，有些照片在拍摄时曝光不均匀，经常出现局部太亮或太暗的问题。如果直接转成JPG格式置入Photoshop中调整，会很烦琐。那么是否有办法对转档中局部曝光不均匀，甚至出现色彩偏差的部分进行调整呢？碰到这样的问题，就要用到“调整画笔”、“渐变滤镜”和“径向滤镜”。

案例：用“调整画笔”处理画面局部的色彩不均匀

扫码看视频

• 视频名称：用“调整画笔”处理画面局部的色彩不均匀　• 源文件位置：第8章>045>用“调整画笔”处理画面局部的色彩不均匀.psd

观察左下方的这张照片，人物胸前部分的曝光过度，可以用“调整画笔”对细节进行调整。这样就可以把局部曝光不准确的地方单独调整至理想的状态。

01 打开一张RAW格式的照片，会自动进入“Camera Raw”对话框。选择“调整画笔”，在弹出的“调整画笔”面板中，我们可以根据需要的效果对参数进行设置。在“调整画笔”面板下方，需要将“羽化”设置为100，“羽化”参数的数值越大，涂抹的效果越均匀，“流动”和“浓度”的数值保持默认值即可。此时需要涂抹人物胸前曝光过度的地方。将“曝光”设置为-0.40，用“调整画笔”在曝光过度的地方进行涂抹，将人物胸前部分恢复自然曝光。涂抹后，会出现一个红色的小圆圈标记，这表示“调整画笔”当前处于编辑状态，可以通过调整“调整画笔”设置面板上的参数来改变涂抹过的部分的画笔效果。

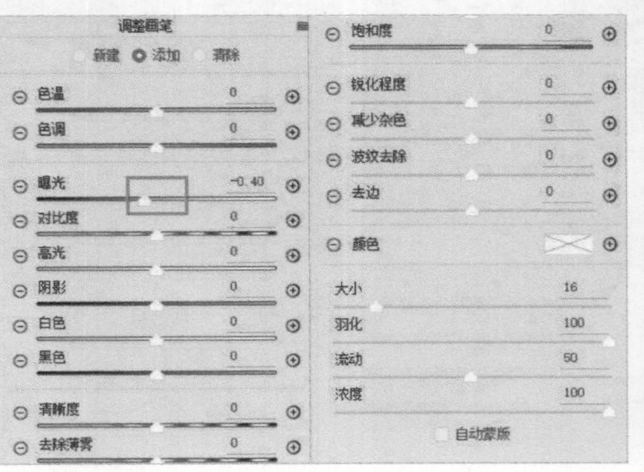

02 此时，如果需要继续使用“调整画笔”工具涂抹图像的其他部分，需要勾选“调整画笔”面板上方的“新建”选项，重新设置画笔的参数，并且不影响之前涂抹的效果。用新设置的“调整画笔”来提亮人物脖子的亮部，可以看到在人物脖子附近出现了新的红色标记，之前人物胸前的红色标记变成了白色，这表示当前不在编辑状态下，无论怎么改变画笔的设置，都不会受到影响。当然，可以单击白色标记将其激活，继续修改“调整画笔”的设置效果。

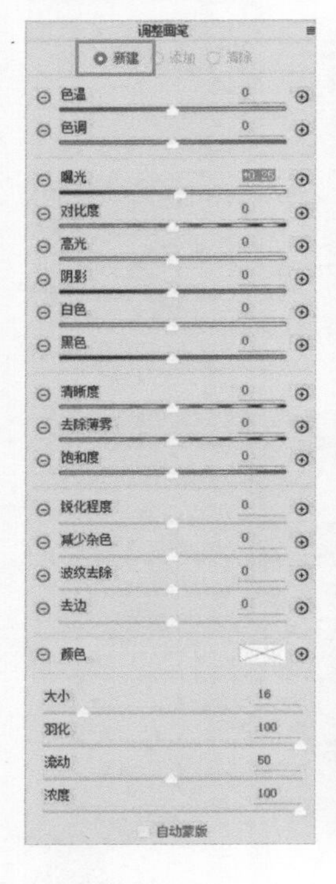

案例：用“渐变滤镜”对画面的局部进行提亮

扫码看视频

• 视频名称：用“渐变滤镜”对画面的局部进行提亮　• 源文件位置：第8章>045>用“渐变滤镜”对画面的局部进行提亮.psd

观察左下方的这张照片，可以感觉到人物上方植物的颜色给人感觉过于压抑，需要对植物的颜色进行提亮处理，使画面呈现出有阳光照射的效果。这种情况可以使用“渐变滤镜”来操作。

01 打开一张RAW格式的照片，会自动进入“Camera Raw”对话框。选择“渐变滤镜”，在弹出的“渐变滤镜”设置面板中将“曝光”设置为+0.7，然后选择图像右上角，按住鼠标左键向左下方拖曳，拉出渐变范围。红线与绿线之间为过渡区域，此时图像右上角就出现了光照效果。

02 为了使光照效果看起来更加真实，继续调整“渐变滤镜”设置面板的参数，分别调整“色温”和“色调”，为光效增加模拟阳光的暖色，然后增加“曝光”的数值，这样看起来光照效果就更加真实了。

案例：用“径向滤镜”处理画面中曝光不足的地方

扫码看视频

• **视频名称**：用“径向滤镜”处理画面中曝光不足的地方 • **源文件位置**：第8章>045>用“径向滤镜”处理画面中曝光不足的地方.psd

看左下方的这张照片，很明显画面中人物部分整体曝光不足。下面试试“径向滤镜”的功能，看看如何使用“径向滤镜”来处理范围较大的曝光问题。

01 打开一张RAW格式的照片，会自动进入“Camera Raw”对话框。选择“径向滤镜”，然后按住鼠标左键，在图像中画一个椭圆的区域，作用效果从中间的绿色圆点向四周减弱。在“径向滤镜”设置面板的“效果”选项中，可以选择“外部”和“内部”。在图像中双击鼠标左键，建立一个大椭圆区域，将“曝光”设置为+0.4，选择“效果”作用于“内部”，画面中心会增加曝光度，从而达到提高人物亮度的效果。

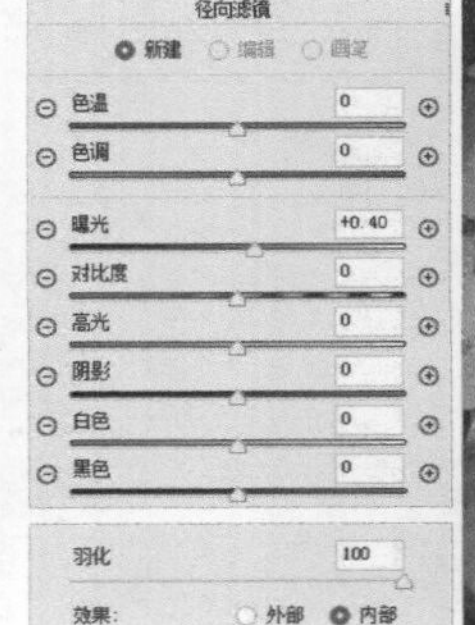

02 可以将“径向滤镜”◎当成“调整画笔”🖌来使用。在小范围内画一个椭圆形的区域，作用于局部。

03 可以将“径向滤镜”◎当成“渐变滤镜”▣来使用。利用“径向滤镜”◎画一个大范围的椭圆区域来对图像进行调整。总之，灵活多变的“径向滤镜”◎是我们日常修图工作中最常用的局部调整工具。

▶

通过对“调整画笔”🖌“渐变滤镜”▣“径向滤镜”◎这3个局部调整工具的讲解，大家一定可以利用它们把曝光不均匀或色彩不协调的照片处理得非常完美。

> **提示** 要弄清楚3个局部调整工具的特点，我们才能根据照片的实际情况选择最适合的工具。

046 如何使用局部调整工具制作唯美的画面效果

在修图工作中，局部调整工具除了可以用来修复照片中的局部曝光和色彩以外，还可以用来制作一些特殊的效果。这里为大家讲解如何使用局部调整工具制作梦幻和唯美的画面效果。

案例：用局部调整工具制作梦幻和唯美的画面效果

扫码看视频

• 视频名称：用局部调整工具制作梦幻和唯美的画面效果 • 源文件位置：第8章>046>用局部调整工具制作梦幻和唯美的画面效果.psd

左下方的这张照片整体感觉比较唯美，但是有一种冷清的感觉，可以尝试将照片处理得更加梦幻和唯美。在处理的过程中，可以把照片的色调处理得温暖一些，把画面的光影处理得柔和一些，并增强画面的光影反差。

01 打开需要调整的照片，在弹出的“Camera Raw”对话框中进行设置，在“基本”面板中处理照片的基本光影参数，调整“色温”和“色调”，增加照片的暖色。

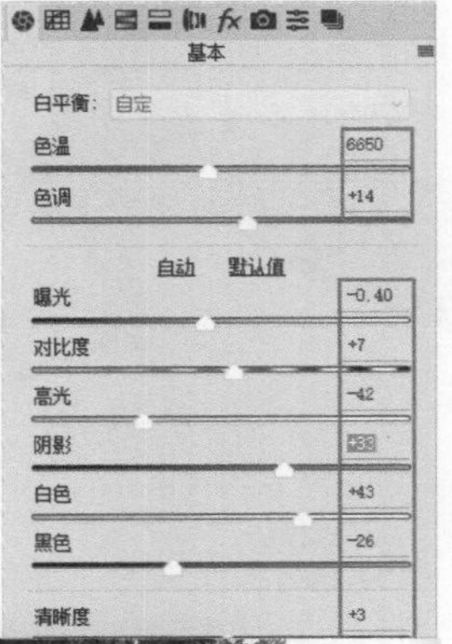

02 图像中人物部分的颜色过暗，会影响后续对肤色的处理，此时可以使用“径向滤镜” 把人物部分提亮。在“径向滤镜”面板中，除了增加“曝光”，还可以通过增加“对比度”的方法调整人物亮度，同时还能增强人物的光影层次。

径向滤镜
新建 编辑 画笔
色温 0
色调 0
曝光 +0.70
对比度 +26
高光 0
阴影 0
白色 0
黑色 0
清晰度 0
去除薄雾 0

03 按H键返回主页面，在“色调曲线”面板中，提亮“亮调”，压暗“暗调”，增强“中间调”的光影反差。

04 在“细节”面板中，增加“明亮度”的数值，为图像减少杂色，其他数值保持默认值即可。

05 在“HSL/灰度”面板中，提亮肤色的明亮度（橙色），适当压暗背景中绿植的明亮度（黄色、绿色），使人物在画面中更加突出，让肤色更加干净。

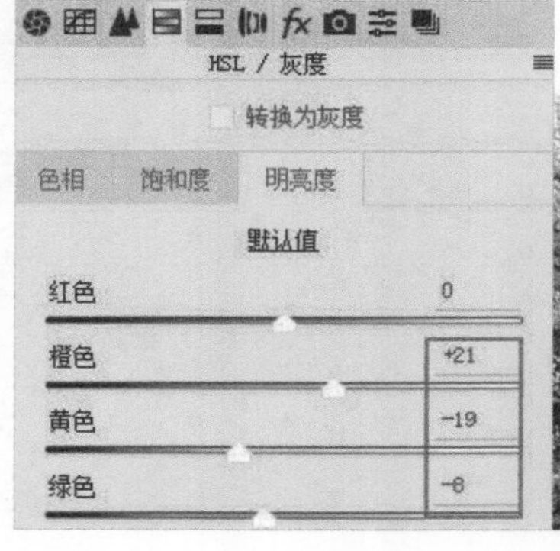

06 适当降低人物皮肤的饱和度（橙色），让人物皮肤的色彩变得淡雅，然后适当增加背景中绿植的饱和度（黄色、绿色），让画面效果更加鲜艳。

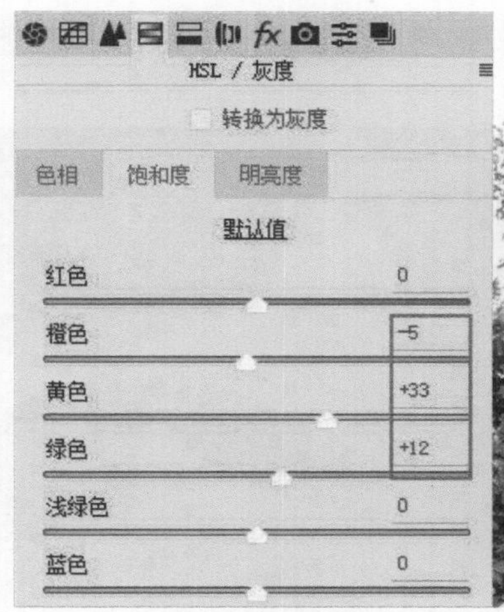

07 在“分离色调”面板中，为“高光”增加一些冷色，为“阴影”增加一些暖色，增强画面的色彩层次，让画面色彩更加丰富饱满。

08 在“相机校准”面板中，适当降低“红原色”的“饱和度”，增加“绿原色”和“蓝原色”的“饱和度”，让画面整体色调更加干净清爽。

09 选择“调整画笔”，在弹出的“调整画笔”面板中将“曝光”设置为-0.60，将画面中逆光的部分压暗，让画面的光影效果更加有层次。

10 选择“调整画笔”，对设置面板中的参数进行设置。设置“色温”为+37，“色调”为+29，“清晰度”为-70，“锐化程度”为-70，这里的参数设置仅供参考。其中最为关键的是对“色温”与“色调”的调整，要可以让“调整画笔”刷出暖色。对“清晰度”和“锐化程度”的调整，要可以让“调整画笔”刷出柔和的朦胧质感。使用“调整画笔”涂抹画面中明亮的部分，这时涂抹过的地方会变得非常柔和唯美。这样就将梦幻唯美的画面效果制作完成了。

以上案例的讲解只是为大家打开一个思路。大家可以发挥想象，利用局部调整工具制作出更多的特殊效果。

本章通过对Camera Raw转档软件的介绍，帮助大家对转档有了全新的认识。转档出完美的照片，是学习后期技术过程中非常重要的环节。一次完美的转档，可以修正原片的缺陷，定位原片的色调，处理原片的光影细节，为后续的图像处理减少麻烦。转档的技巧不仅是修图师必须熟练掌握的技巧，也是摄影师必备的后期技能。摄影师可以通过转档实现自己在拍摄过程想要实现却未能实现的效果，让自己拍摄的作品更加完美。

塑造完美的脸形和身材

047 如何理解“液化”
048 如何将人物的五官处理得更自然
049 如何让人物看起来更有气质
050 如何控制人物的身材比例

047 如何理解“液化”

先来认识一下“液化”滤镜。打开需要调整的照片，执行“滤镜>液化”菜单命令，调出“液化”对话框。“液化”对话框的左侧是工具栏，提供了不同功能的画笔和工具；“液化”对话框的右侧是属性栏，对应画笔的属性设置、人脸识别和视图效果等。

在“画笔工具选项”栏中，可以设置每一种工具的属性。“大小”用来调整画笔的大小；“浓度”用来调节画笔涂抹的浓重程度；“压力”用来调节画笔涂抹时的输出强度。

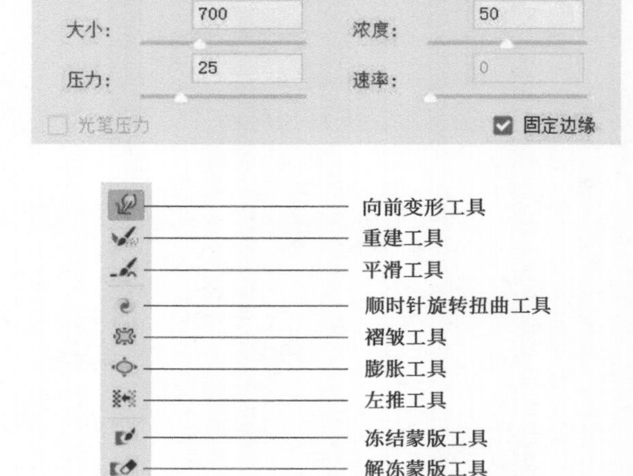

“向前变形工具”：可以在图像中任意拖曳像素产生变形效果。在这里建议大家将“画笔工具选项”中的“压力”值调小，否则画笔会因“用力过猛”而“失控”。

“重建工具”：在被拖曳的像素部分进行涂抹，可以将其恢复为原始状态。它属于比较实用的工具，如果液化操作失败，使用重建工具恢复回来即可。

“平滑工具”：在被拖曳的像素部分进行涂抹，可以让线条更加流畅自然。

“顺时针旋转扭曲工具”：当按住鼠标左键，对画面进行涂抹时，被涂抹部分的像素会顺时针旋转和扭曲。

“褶皱工具”：当按住鼠标左键进行涂抹时，画笔所覆盖的像素会向画笔中心区域缩进。一般对人物进行液化处理时，可以用来调整人物的大小眼。

“膨胀工具”：与“褶皱工具”的功能相反，当按住鼠标左键进行涂抹时，画笔所覆盖的像素会向画笔边缘扩张。

“左推工具”：移动与拖动鼠标方向垂直的像素，不是特别常用的工具，效果难以控制。

“冻结蒙版工具”：用画笔涂抹图像中局部像素后，该部分像素将不会受到其他工具影响。在液化人物时，画面中的背景经常会受到牵连，利用“冻结蒙版工具”进行处理，就可以让背景不受影响。

“解冻蒙版工具”：可以用来解除被“冻结蒙版工具”所冻结的像素。

“脸部工具”：当移动鼠标指针滑过人物面部时，会自动识别人物面部，出现带有锚点的人物面部形状的线框，通过移动锚点可以调整人物面部的形状。

“抓手工具”与“缩放工具”这里不再介绍了，与Photoshop工具栏中的“抓手工具”与“缩放工具”的功能相同。

这里介绍了“液化”工具栏中不同功能画笔的使用方法。接下来就可以利用这些功能画笔为人物塑造完美的脸形和身材。

提示　常用的“液化”滤镜的工具是“向前变形工具”和“顺时针旋转扭曲工具”。“脸部工具”适合新手使用，操作起来比较烦琐，但是效果容易控制。

048 如何将人物的五官处理得更自然

上一问为大家介绍了“液化”滤镜的概念，下面为大家讲解“液化”滤镜的使用方法。从人物的头部液化开始，对头部的液化包括液化发型、脸形和五官等，其中对脸形的处理尤为重要。

是不是五官精致、脸形标准的人物照片就不需要液化了呢？当然不是。拍摄的角度和其他的外在因素，也会让人物的脸形、发型、五官等变形。液化不仅是为了达到“减肥”的效果，更多的是为了修饰比例。

案例：用“液化”滤镜修饰人物的脸部

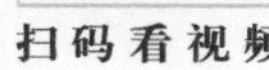

• 视频名称：用“液化”滤镜修饰人物的脸部　• 源文件位置：第9章>048>用“液化”滤镜修饰人物的脸部.psd

观察左下方的这张照片中的人物，人物脸部看起来不够立体，下巴有一些圆润，可以利用“液化”滤镜对脸部进行修饰。

01 打开需要调整的照片，执行“滤镜>液化”菜单命令，进入“液化”对话框。通过观察会发现，由于角度的问题，人物左侧的太阳穴显得比较宽。选择“向前变形工具”，画笔大小根据需要随时调整，设置“浓度”为50，“压力”为25，轻推人物左侧的太阳穴，注意观察人物头部的倾斜角度，参照“五眼”比例。

02 将人物的下巴调整得“尖”一些，但是不要太夸张，一定要参照人物原本的脸形。有两种处理方法，第1种是通过拉长下巴得到尖下巴，第2种是通过调整下巴两侧得到尖下巴。在调整的时候，需要注意头部的倾斜角度，以鼻尖到人中的线为参考，避免将下巴液化变形。

03 脸形是最难处理的部分。在液化时，一定要注意太阳穴到下巴的线条并不是一条均匀的抛物线，千万不要忽略了下颌骨的轮廓。

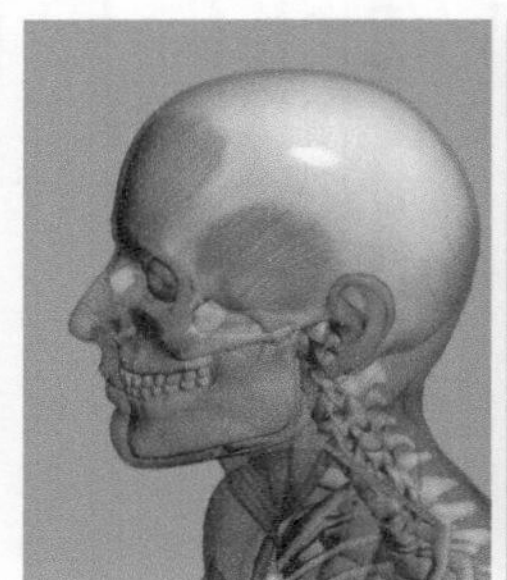

04 美化一下其他部分的线条轮廓，如照片中左侧的面部线条、头发的形状和发际线的轮廓等。

05 可调整一下五官的细节。想要将图片修饰得精致，一定要仔细观察。

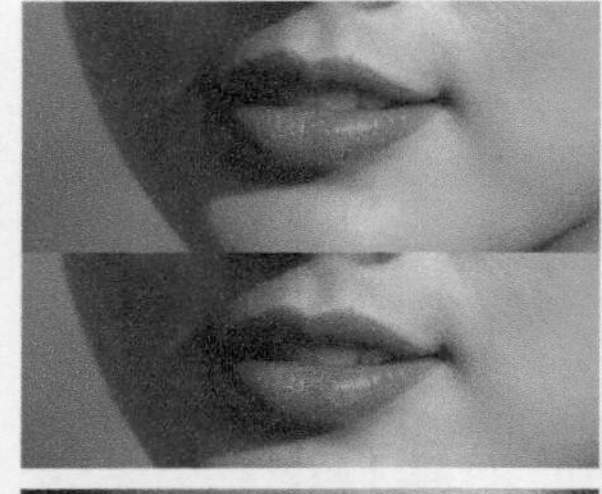

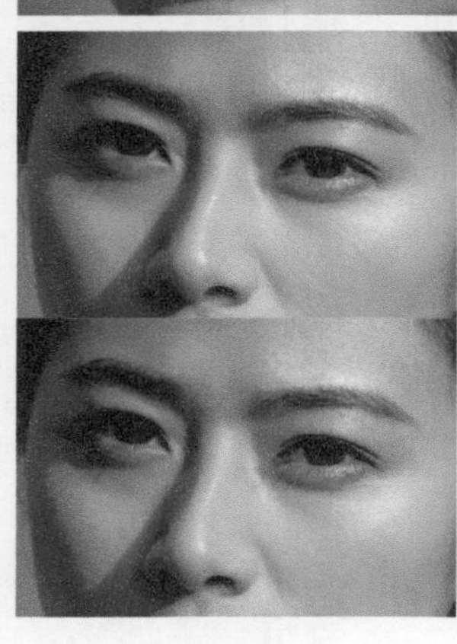

提示　在使用"液化"滤镜时，要以原片中人物的基本特征作为参考，在真实的基础上进行美化。千万不要过分修饰，否则调整的效果会与人物本身的相貌相差太大。

049 如何让人物看起来更有气质

如何通过“液化”滤镜让人物看起来更有气质呢？最简单和最直接的方法就是让人物的身材看起来挺拔。脖子细长会显得人格外有气质，肩部轮廓舒展有骨感会让人气质不凡。想要达到这样的效果，还是可以用“液化”滤镜进行调整。

案例：用“液化”滤镜修饰人物的肩部

扫码看视频

• 视频名称：用“液化”滤镜修饰人物的肩部　• 源文件位置：第9章>049>用“液化”滤镜修饰人物的肩部.psd

左下方的图中，人物的脖子显得比较粗，可以使用“液化”滤镜进行处理。压低人物的肩部和锁骨的高度，突出人物的气质，使人物看起来更加优雅。

01 让脖子变细一些。打开需要调整的照片，执行“滤镜>液化”菜单命令，在弹出的“液化”对话框中选择“向前变形工具”，将脖子往里推。

02 让锁骨的位置向下移。使用“向前变形工具” 将锁骨向下“推”。

03 最后，让肩部低一些。使用“向前变形工具” 将肩部的高度进行处理。

对于修图师来说，平时需要多了解人体骨骼肌肉的结构，多观察人物，一点一点地提升自己的美感。

050 如何控制人物的身材比例

提到身材比例，大家一定会想到“S曲线”，拥有婀娜多姿的身材是大多数女性的梦想。这里主要解决如何使用“液化”滤镜修饰人物的身材，使人物的整体形态更加完美的问题。对于身材比例的控制，主要体现在胸部、腰部、胯部。除此之外，四肢的比例、衣服的线条轮廓也很重要。下面通过实际操作为大家讲解如何塑造完美的身材。

案例：用“液化”滤镜修饰人物的身材

扫码看视频

• 视频名称：用“液化”滤镜修饰人物的身材　• 源文件位置：第9章>050>用“液化”滤镜修饰人物的身材.psd

左下方的这张照片中这位模特的身材比例不错，下面我们通过“液化”滤镜让她的身材变得更加完美。

01 打开需要调整的照片，观察人物的头部，调整人物的脸形，让轮廓线条变得更加圆润。然后调整一下左右眉眼的形状，使其尽量对称。再调整一下嘴角，使其微微上扬，呈现出面带微笑的感觉。

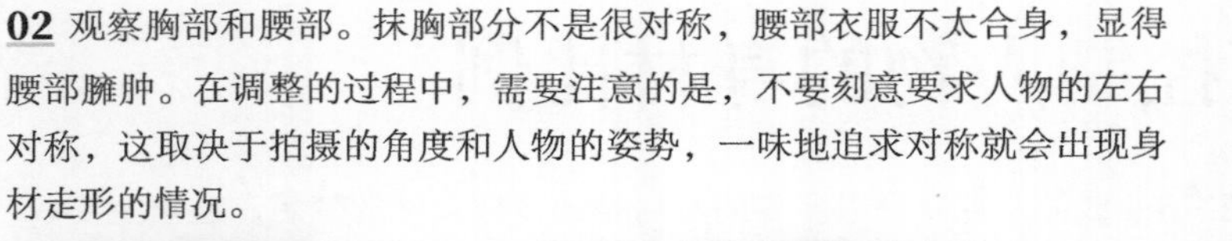

02 观察胸部和腰部。抹胸部分不是很对称，腰部衣服不太合身，显得腰部臃肿。在调整的过程中，需要注意的是，不要刻意要求人物的左右对称，这取决于拍摄的角度和人物的姿势，一味地追求对称就会出现身材走形的情况。

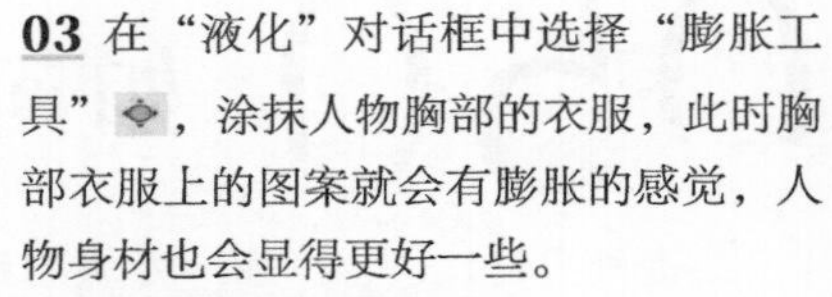

03 在“液化”对话框中选择“膨胀工具”，涂抹人物胸部的衣服，此时胸部衣服上的图案就会有膨胀的感觉，人物身材也会显得更好一些。

04 观察人物的手臂，会觉得胳膊的轮廓看起来有些不自然。一般情况下，胳膊最粗的部分是肩部，其次是上臂与前臂之间的肘关节，最细的是手腕部分。根据胳膊的骨骼与肌肉的结构进行液化，就会让胳膊看起来更加自然。前面跟大家提到过，液化的目的不一定是让人“减肥”，比例协调才是关键。

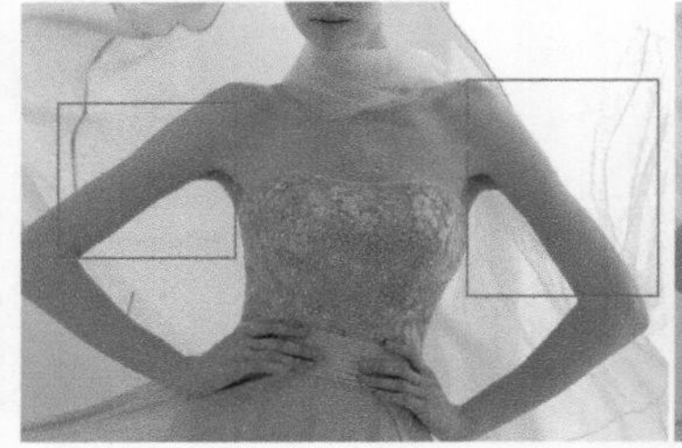

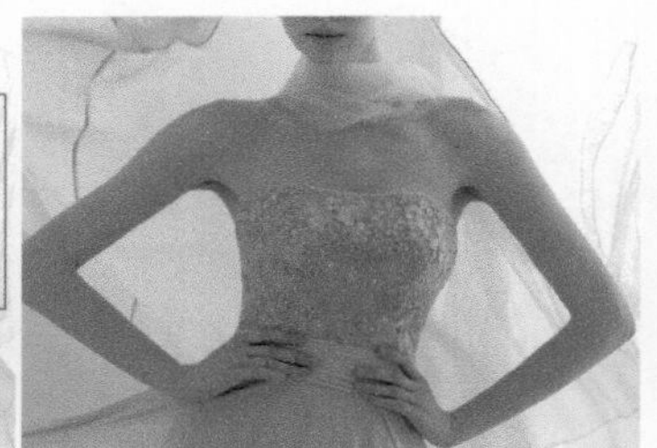

05 调整一下胯部和腿部，让人物突显出S形的身材，正面胸部与胯部调宽，腰部调窄即可。在这张照片中，可以让胯部再宽一些，让腿部线条再窄一些，使S形更加明显，整体的线条就会更加柔美。至此，完成整个液化操作。

提示 在修饰全身照片时，要重视人物的整体形态，平时可以多观察身材苗条的人物图片，会为我们的修图工作带来帮助。

关于“液化”滤镜的知识就为大家讲解到这里。在对人物进行液化处理时，我们要了解人物的形态比例，不能过于夸张，在日常修图工作中多观察一些身材标准的人物图片，有助于提升审美。

第 10 章

10

当下流行的照片调色风格

051 如何制作商业广告大片的效果
052 如何制作时尚大片的效果
053 如何调出唯美的韩风色调
054 如何调出古香古色之工笔画风格
055 如何调出自然唯美的小清新风格
056 如何调出文艺范的日系风格
057 如何调出自由奔放的旅拍风格
058 如何调出梦幻唯美的风格
059 如何调出纪实外景的风格

051 如何制作商业广告大片的效果

商业修图侧重于对皮肤质感和光影的处理。在修图的过程中，修图师要理解光影的变化原理、把控整体的色调和加强画面的质感。下面通过实际操作来演示如何制作商业广告大片的效果。

案例：商业广告大片的调色

扫码看视频

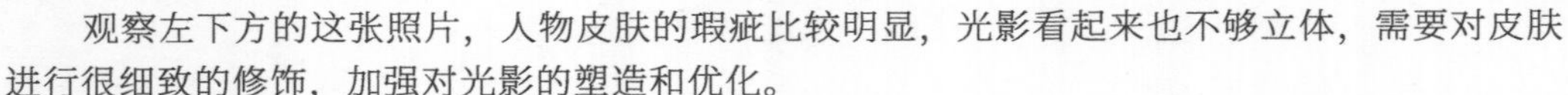
• 视频名称：商业广告大片的调色　• 源文件位置：第10章>051>商业广告大片的调色.psd

观察左下方的这张照片，人物皮肤的瑕疵比较明显，光影看起来也不够立体，需要对皮肤进行很细致的修饰，加强对光影的塑造和优化。

01 打开需要调整的照片，执行“图层>新建>图层”菜单命令，创建一个名为“中性灰”的图层，设置“模式”为“柔光”，并勾选“填充柔光中性色（50%灰）”，设置完毕后，单击“确定” 确定 按钮。“中性灰”图层主要用于处理照片的光影层次。

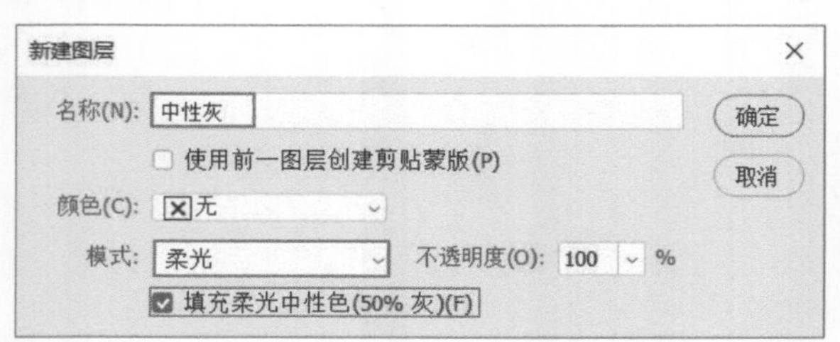

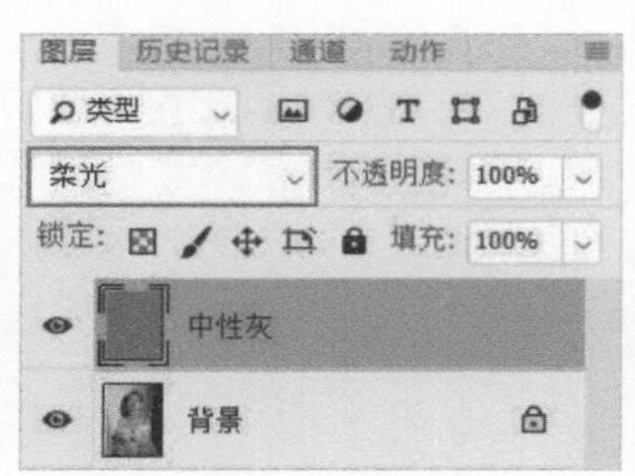

02 在“图层”面板的下方单击“创建新的填充或调整图层”按钮，在弹出的菜单中选择“黑白”命令，添加“黑白”调整图层。添加“黑白”调整图层的目的是将照片去色，方便观察图像的光影层次。

03 制作“双曲线”。创建“曲线”调整图层，将图层重命名为“压暗”，然后单击“曲线”的下半部分，创建锚点，并向下拖曳锚点，对图像进行压暗处理，再单击“曲线”的上半部分，创建锚点，并向上拖曳锚点，增强图像的反差效果。

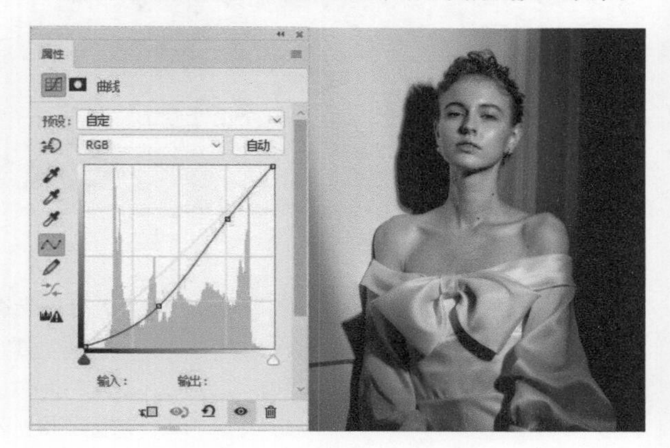

04 创建一个“曲线”调整图层，将图层重命名为“提亮”。单击“曲线”的中间部分，创建锚点，并向上拖曳锚点，将图像提亮。将“曲线”下端的锚点向上拖曳，提亮图像阴影部分的亮度。

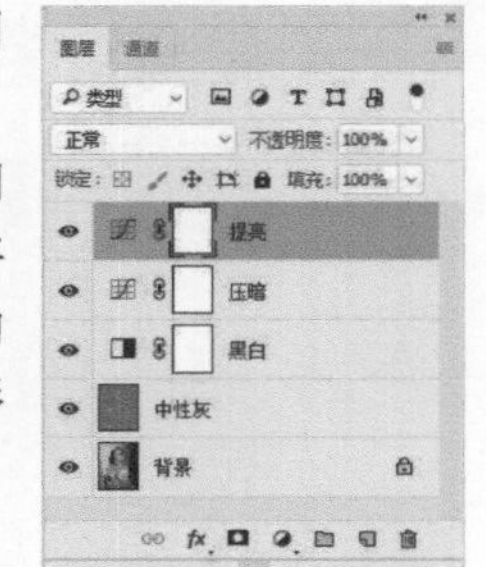

05 在“图层”面板中选中“提亮”“压暗”“黑白”3个图层，然后单击“图层”面板下方的“创建新组”按钮，对这3个图层进行编组，并将图层组重命名为“观察组”。这样方便我们管理图层，还可以根据需要显示或关闭3个观察图层。创建好图层组后，开始对图像进行处理。先修饰皮肤，隐藏“观察组”中“提亮”图层，然后选择“背景”图层。在“黑白”和“压暗”这两个观察图层的作用下，人物的皮肤变得更加粗糙了。

06 放大人物的局部，注意观察皮肤的纹理，修饰皮肤瑕疵时一定要保留纹理的细节。使用“修补工具”和“污点修复画笔工具”对皮肤进行修饰，一定要有耐心，修饰得越仔细，皮肤的质感会越好。将局部修饰好以后，隐藏“观察组”，可以看到实际的修饰效果。

07 在“压暗”图层的作用下，我们会发现图像中的暗部（如眼眶部分）过暗，看不清楚。此时在“观察组”中，显示“提亮”图层，就可以看到照片中暗部的细节，然后对照片中的暗部进行修饰。

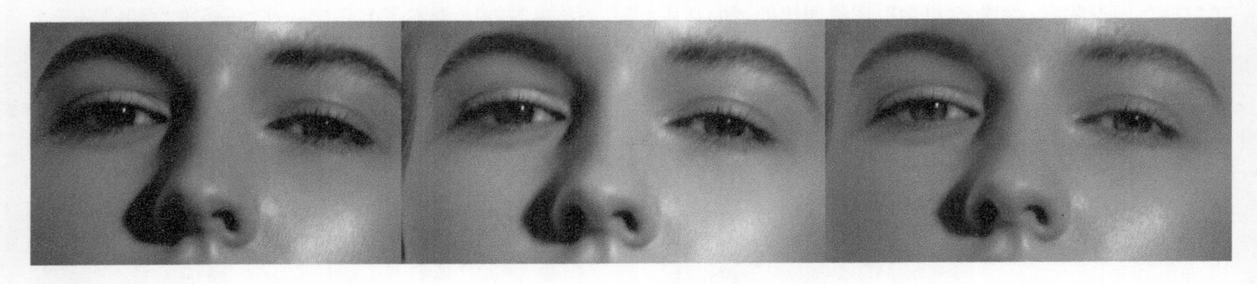

08 整体皮肤修饰完毕后，隐藏“观察组”，就可以看到皮肤修饰后的效果了。

09 处理光影层次。在“图层”面板中选择“中性灰”图层，然后选择“减淡工具”，在工具选项栏中，设置“范围”为“高光”，设置“曝光度”为6%。在图像中找到人物的高光位置（额头、鼻梁、颧骨和下巴等部位）和光源位置。光源的位置不同，面部的光影强弱、位置和角度也会不同。要注意观察原片的光影细节，在原片的光影基础上进行强化。

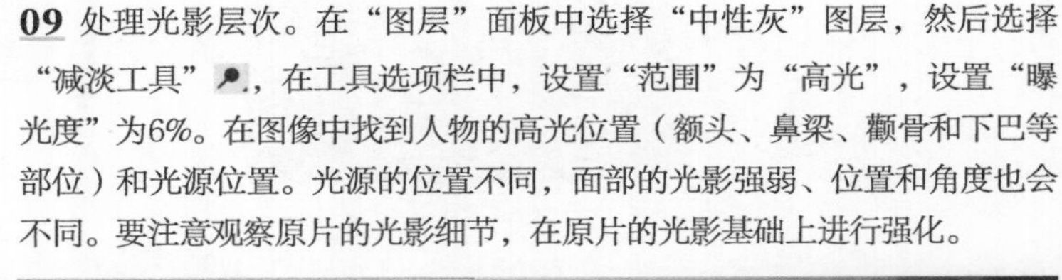

提示

在提亮人物面部的高光时，可以把人物面部看成几个不同的几何形状，从而确定高光的形状。例如，额头和鼻梁类似圆柱形，圆柱形的高光是条状；颧骨和下巴类似半球形，半球形的高光是点状。

10 用“减淡工具”在“中性灰”图层上进行涂抹，注意一定要涂抹得自然、均匀。

11 高光部分处理完毕，接着处理阴影部分。选择“加深工具”，在工具选项栏中设置“范围”为“阴影”，设置“曝光度”为6%。阴影部分主要集中在人物的面部轮廓边缘。

提示

化妆师在做妆面造型时，一般会在人物腮部涂抹深色的修容产品，让人物的脸显得较小，并且增强面部的立体感。我们也可以从化妆造型的知识中获得光影处理的参考依据。

12 用“加深工具”在“中性灰”图层上进行涂抹。将高光和阴影处理完毕后，人物的光影看起来就更有立体感。

13 此时发现，过度地涂抹高光和阴影导致人物看起来不自然。这时，设置好前景色的数值（R:128，G:128，B:128），我们就会得到中性灰颜色的前景色。选择“画笔工具”，设置“不透明度”为10%，然后使用“画笔工具”在“中性灰”图层上对高光或阴影不自然的地方进行涂抹，将“中性灰”图层上涂抹过度的痕迹削弱即可。为图像增加颗粒感，使用快捷键Ctrl+Alt+Shift+E创建“盖印”图层。复制一层“盖印”图层，将复制得到的图层重命名为“颗粒”，将“填充”设置为50%。执行“滤镜>杂色>添加杂色”菜单命令，在“添加杂色”对话框中，设置“数量”为5%，勾选“单色”，然后单击“确定”按钮，杂色效果制作完毕。此时，可以看到人物的皮肤更有质感了。

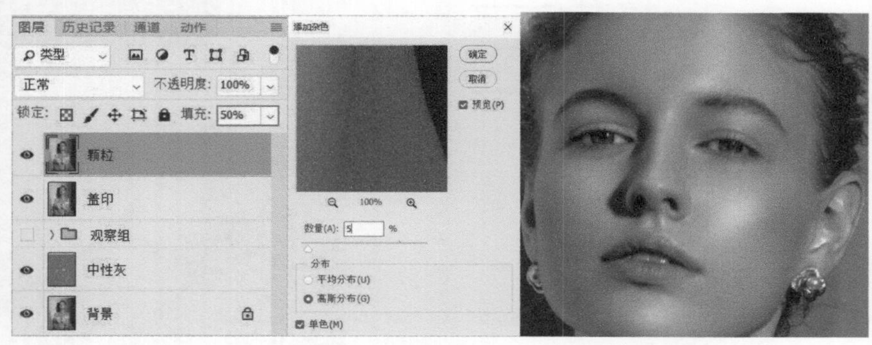

14 处理色彩部分。单击“图层”面板下方的“创建新的填充或调整图层”按钮，在弹出的菜单中选择“色相/饱和度”命令，然后在弹出的“属性”面板中设置“饱和度”为-20，让肤色显得淡雅干净。

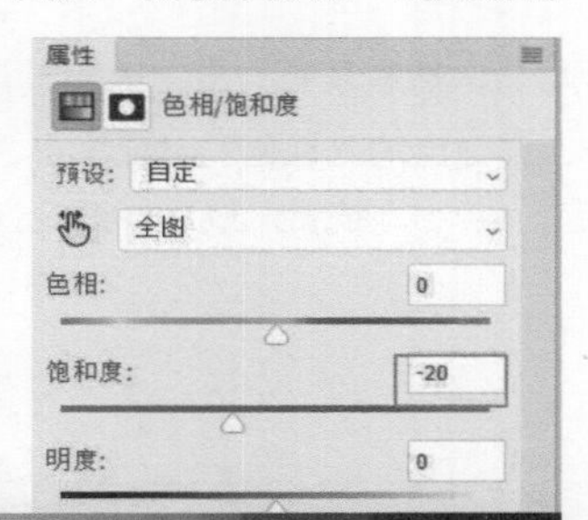

15 单击“图层”面板下方的“创建新的填充或调整图层”按钮，在弹出的菜单中选择“曲线”命令，然后在弹出的“属性”面板中将亮调部分提亮，暗调部分压暗，增强图像的光影反差，让肤色看起来更通透。

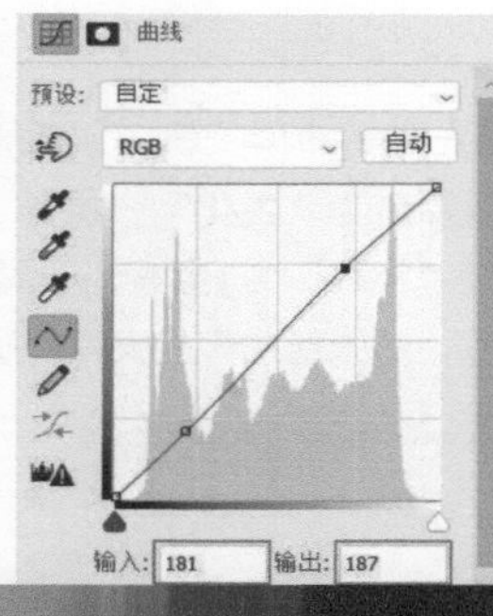

16 单击“图层”面板下方的“创建新的填充或调整图层”按钮，在弹出的菜单中选择“色彩平衡”命令，然后在弹出的“属性”面板中选择“高光”，给高光部分增加一些青色，让照片看起来更清爽，增强照片的色彩层次效果。

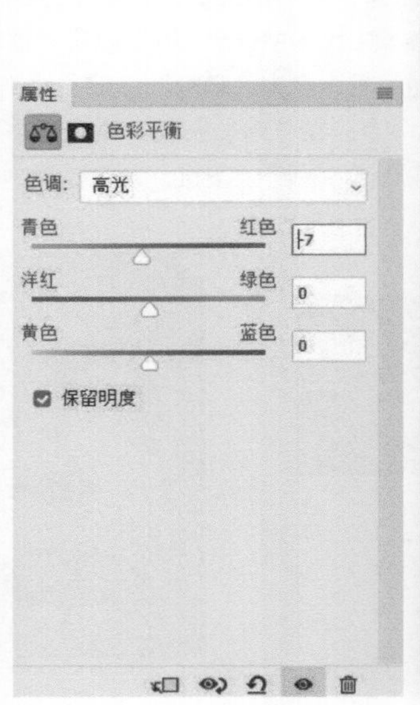

17 继续添加“盖印”图层，将“盖印”图层重命名为“盖印2”，然后复制一层“盖印2”图层，将复制得到的图层重命名为“锐化”。执行“滤镜>锐化>USM锐化”菜单命令，在弹出的“锐化”对话框中，设置“数量”为80%，设置“半径”为4像素，“阈值”为3，设置完毕后，单击“确定”按钮。最后仔细检查一下照片的光影和皮肤细节，这张商业广告大片就制作完毕了。

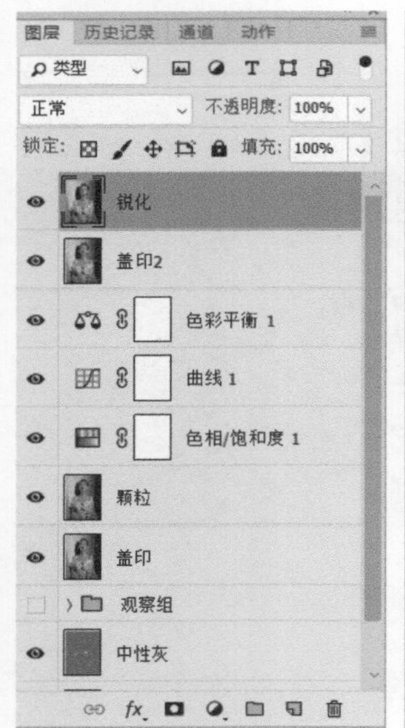

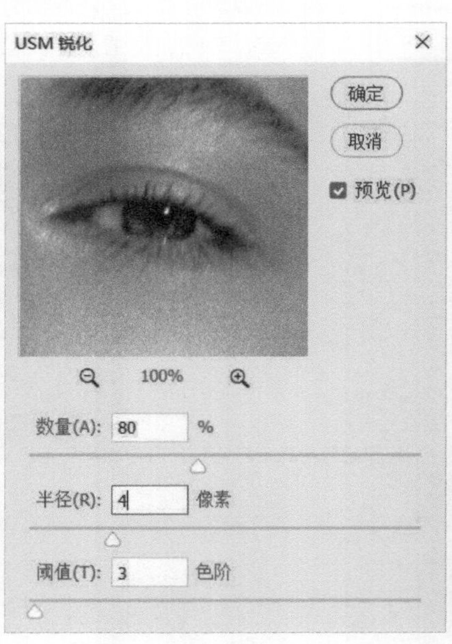

商业广告大片的修图方法有很多，但是思路都大致类似。这里运用的是“双曲线+中性灰”的方法，这是商业修图中比较常用而且比较简单的方法。感兴趣的读者可以查阅与商业修图相关的资料，尝试一下其他方法，但是要牢记，对光影的处理和对皮肤的细节修饰是商业修图的核心。

052 如何制作时尚大片的效果

大家经常在杂志或网站上看到非常高端大气的时尚大片。如何能把照片处理得具有时尚大片相同的感觉呢？接下来将为大家讲解时尚大片的调修要点。时尚风格的照片特点是整体偏暗，色彩浓郁厚重（也就是低明度），质感和光泽感突出。在修图的过程中，我们可以加强照片本身的色彩，将人物的肤色调暗，并增加照片的锐度。

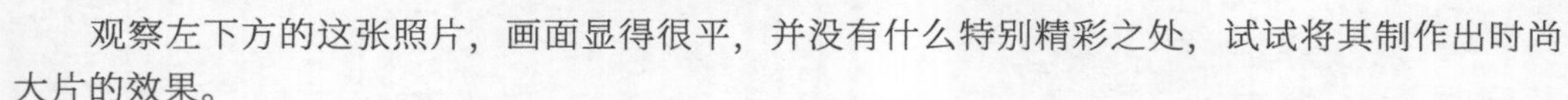

案例：时尚大片的调色

扫码看视频

• 视频名称：时尚大片的调色　• 源文件位置：第10章>052>时尚大片的调色.psd

观察左下方的这张照片，画面显得很平，并没有什么特别精彩之处，试试将其制作出时尚大片的效果。

01 打开需要调整的照片，复制“背景”图层，将复制得到的图层重命名为“阴影高光”。选择“阴影高光”图层，执行“图像>调整>阴影/高光”菜单命令，在弹出的“阴影/高光”窗口中，将“阴影”的“数量”设置为10%，适当对图像中的阴影部分进行恢复，将“高光”的“数量”设置为9%，将高光适当压暗，增强画面的厚重感。其他参数保持默认值，或者根据图像的实际情况进行补充调整。

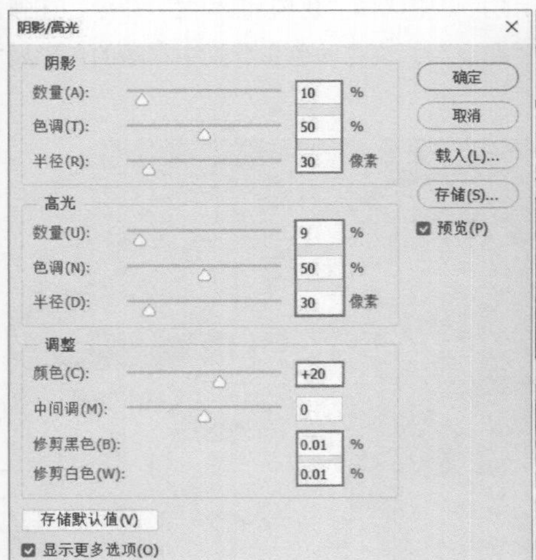

02 压暗地面的部分。地面一定要有厚重感，否则画面整体会显得不够厚重。复制“阴影高光”图层，并将复制得到的图层重命名为“压地面”，将混合模式更改为“正片叠底”，此时画面整体被压暗了。

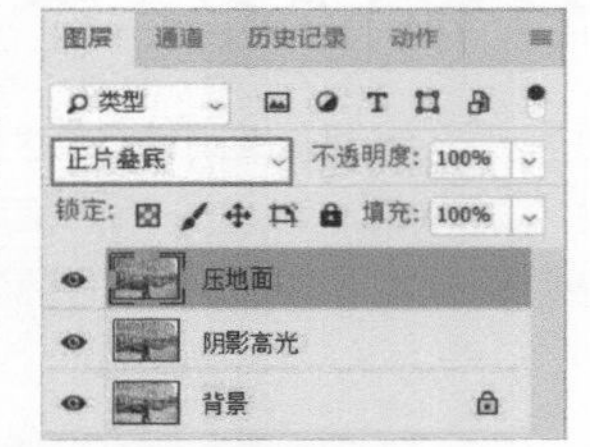

03 在“压地面”图层上添加“图层蒙版”，使用快捷键Ctrl+I将白色的“图层蒙版”反转为黑色，然后设置前景色为白色，用“画笔工具”涂抹需要压暗的部分。压暗的部分主要是地面、楼房和车辆等。

04 单击“图层”面板下方的“创建新的填充或调整图层”按钮，在弹出的菜单中选择“色阶”命令，在弹出的“属性”面板中分别调整“红”“绿”“蓝”3个通道的参数，增加色彩的丰富性，突出高光和阴影的色差，强调画面的色彩空间层次。调整完毕后，照片的色调就变得更加丰富饱满了。（数值仅供参考。）

05 单击“图层”面板下方的“创建新的填充或调整图层”按钮，在弹出的菜单中选择“色相/饱和度”命令，在弹出的“属性”面板中分别选择“红色”和“蓝色”通道，调整“色相”与“明度”，改变肤色和背景中车辆的色彩属性，让颜色看起来更干净自然。

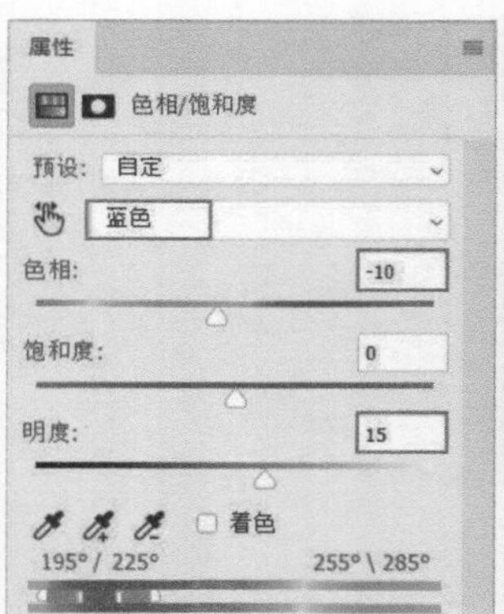

06 单击“图层”面板下方的“创建新的填充或调整图层”按钮，在弹出的菜单中选择“可选颜色”命令，在弹出的“属性”面板中对“颜色”中的各选项分别进行调整。这一步的操作目的是改变皮肤和环境里的各种颜色（各色彩选项的调整，因照片不同，数值也不同，没有绝对的固定数值，达到让自己满意的效果即可）。

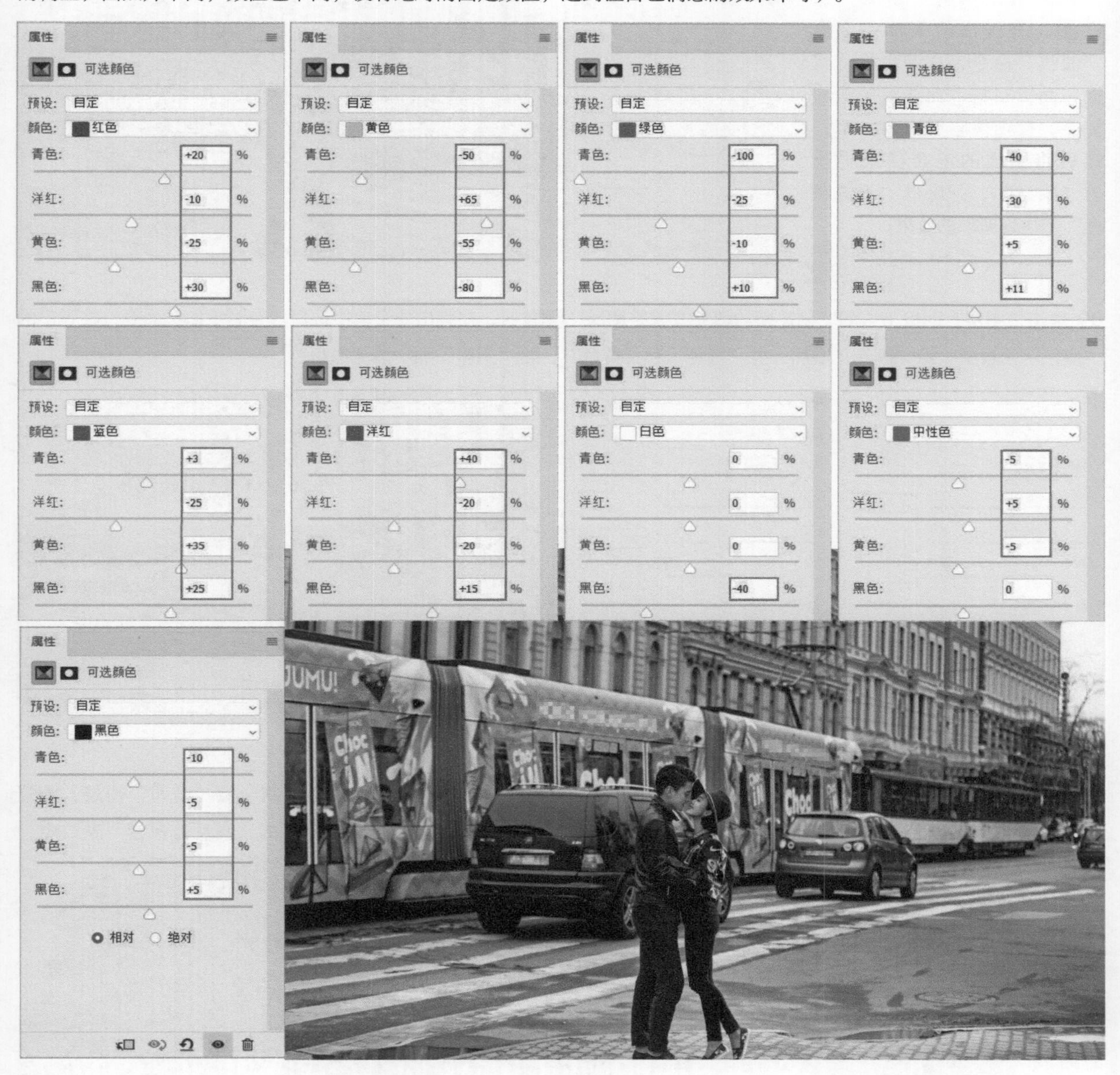

07 单击“图层”面板下方的“创建新的填充或调整图层”按钮，在弹出的菜单中选择“亮度/对比度”命令，在弹出的“属性”面板中设置“亮度”为15，设置“对比度”为15。使用快捷键Ctrl+I，反转“亮度/对比度”图层的“图层蒙版”的颜色。将前景色设置为白色，使用“画笔工具”保留人物的面部效果，让人物在画面中更加突出。

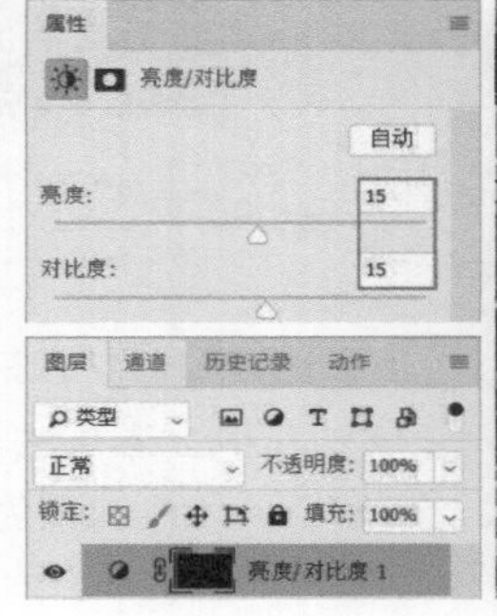

08 增强画面的光影反差效果。单击“图层”面板下方的“创建新的填充或调整图层”按钮，在弹出的菜单中选择“曲线”命令，在弹出的“属性”面板中将“曲线”的暗部提亮，使图像暗部不要太暗，然后将图层的混合模式更改为“柔光”，并降低“不透明度”，达到理想的效果。

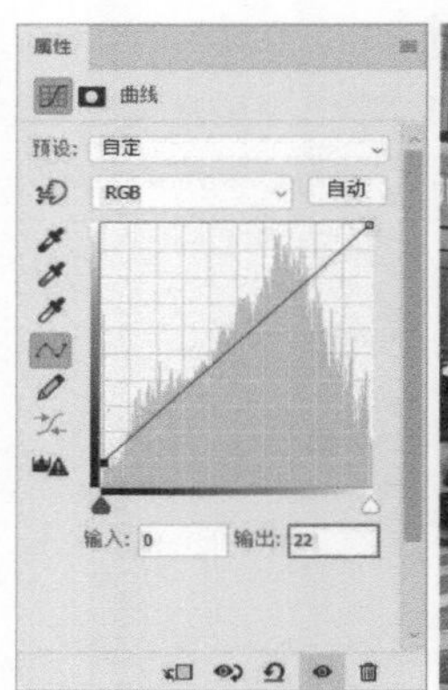

09 单击“图层”面板下方的“创建新的填充或调整图层”按钮，在弹出的菜单中选择“色彩平衡”命令，在弹出的“属性”面板中，给“高光”增加一些“青色”和“黄色”，给“阴影”加一些“绿色”。

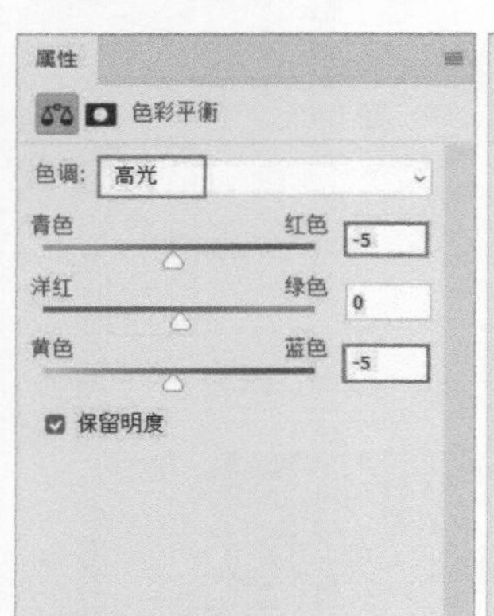

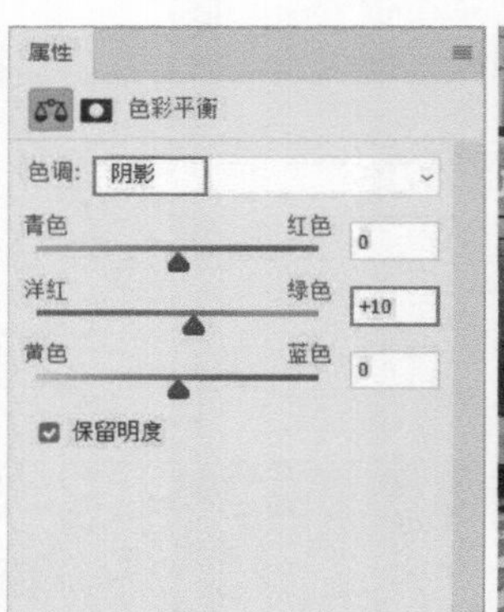

10 对照片进行锐化处理。使用快捷键Ctrl+Alt+Shift+E添加“盖印”图层，然后复制一层“盖印”图层，将复制得到的图层重命名为“锐化”。执行“滤镜>其他>高反差保留”菜单命令，在弹出的“高反差保留”窗口中，将“半径”设置为10.0像素。将“锐化”图层的混合模式更改为“柔光”，适当调整图层的“不透明度”，达到理想的效果。再对照片的细节进行修饰，这张时尚大片就制作完成了。

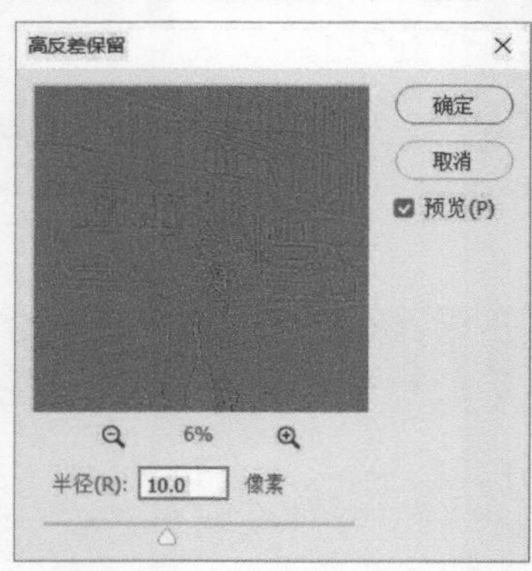

大家在学习调色时，要弄清楚每一个操作步骤的目的，不用去刻意记参数值。要学会根据不同照片灵活地使用工具，使照片达到令自己满意的效果。任何一种风格的调色操作都不是固定的，调色的方法多种多样，关键在于修图师对照片的理解和审美。

053 如何调出唯美的韩风色调

如果用一个字来概括韩式风格的话，那就是“柔”。柔的表现是多方面的，其主要包含画面柔和、光影柔和以及色彩搭配柔和。在修图的过程中，要注重光影的效果渲染，要使画面柔和唯美、色彩淡雅、画面氛围温馨。下面我们通过实际操作来演示如何调出唯美浪漫的韩式风格。

案例：唯美的韩风色调的调色

• 视频名称：唯美的韩风色调的调色　• 源文件位置：第10章>053>唯美的韩风色调的调色.psd

观察左下方的这张照片，我们会发现照片背景和地面部分太亮，试试将这张照片处理为韩风色调的效果。

01 打开需要调整的照片，处理一下照片的密度。复制“背景”图层，将复制得到的图层重命名为“压暗”，将“压暗”图层的混合模式更改为“正片叠底”，此时，会发现画面整体的饱和度过高。选择“压暗”图层，执行“图像>调整>色相/饱和度”菜单命令，降低图层整体的饱和度。

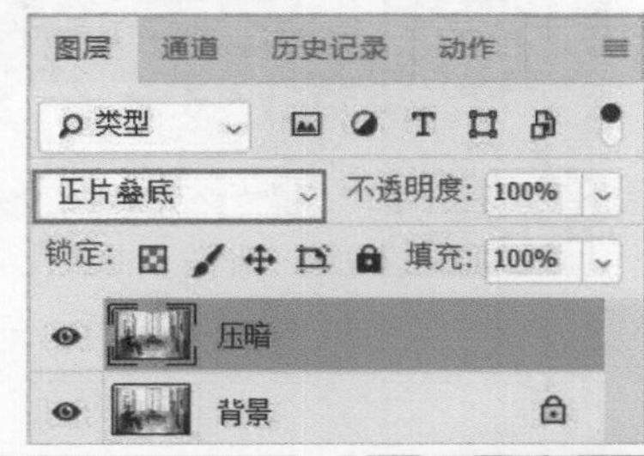

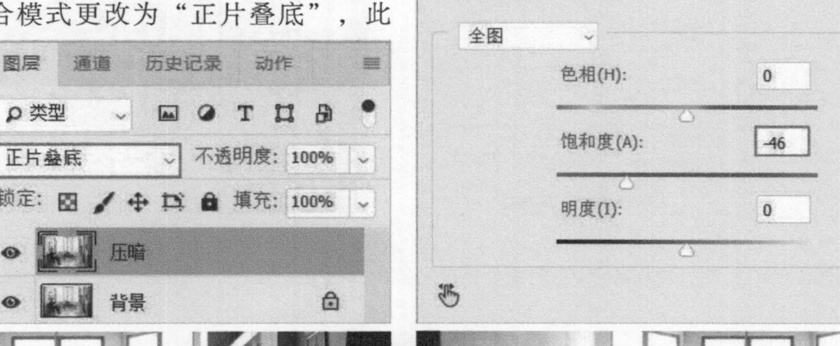

02 在“压暗”图层上添加“图层蒙版”，对其进行“反相”处理，隐藏“压暗”图层效果。设置前景色为白色，使用“画笔工具” 恢复出地面和窗户等被压暗的部分。

03 单击“图层”面板下方的“创建新的填充或调整图层” 按钮，在弹出的菜单中选择“渐变映射”命令，在弹出的“属性”面板中选择“黑白渐变”，这样画面的光影效果看起来更有层次。将图层的混合模式更改为“明度”。

04 单击“图层”面板下方的“创建新的填充或调整图层” 按钮，在弹出的菜单中选择“可选颜色”命令，在弹出的“属性”面板中，设置“颜色”为“黑色”，“青色”为+5%，“黄色”为-5%，“黑色”为-5%，改变照片中阴影部分的色调，并减小阴影部分的反差。设置“颜色”为“中性色”，“黑色”为-5%，提亮中间调的亮度。

提示 一般情况下，对图像中的阴影部分增加冷色后，图像会呈现出复古的感觉。

05 单击“图层”面板下方的“创建新的填充或调整图层” 按钮，在弹出的菜单中选择“色彩平衡”命令，在弹出的“属性”面板中，设置“色调”为“高光”，在“高光”中添加“青色”和“洋红”，让照片的色调变化更加丰富，并且让照片的色彩层次更明显。

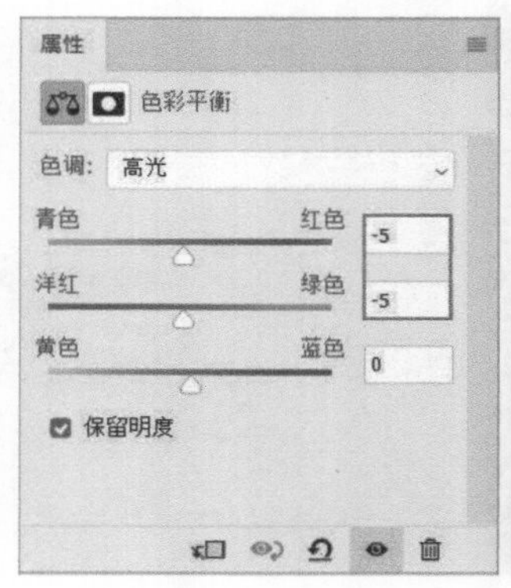

06 单击“图层”面板下方的“创建新的填充或调整图层” 按钮，在弹出的菜单中选择“曲线”菜单命令，在弹出的“属性”面板中将曲线的暗调部分提亮，减小图像的光影反差。

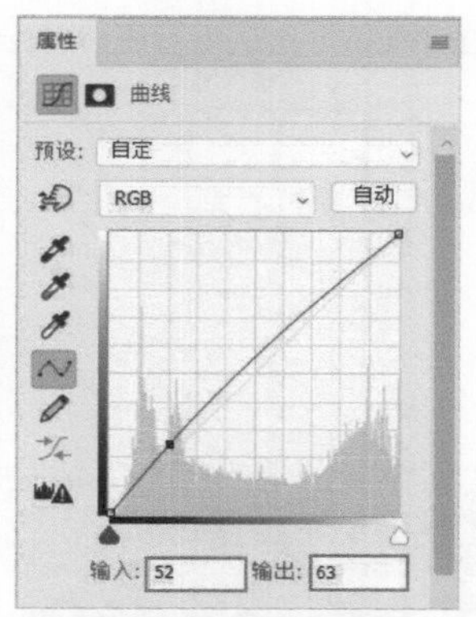

07 使用快捷键Ctrl+Alt+Shift+E添加一个“盖印”图层，并且复制“盖印”图层，将其重命名为“柔和”，设置“柔和”图层的混合模式为“柔光”，“不透明度”为50%，使照片的光影更加柔和，色彩更加饱满。

08 单击“图层”面板下方的“创建新的填充或调整图层” 按钮，在弹出的菜单中选择“色阶”命令，在弹出的“属性”面板中，向右拖曳位于色阶中间的灰色滑块，向右拖曳输出色阶中的黑色滑块。让中间色调变得厚重一些，提亮暗部，这样照片就会显得厚重且光影柔和。

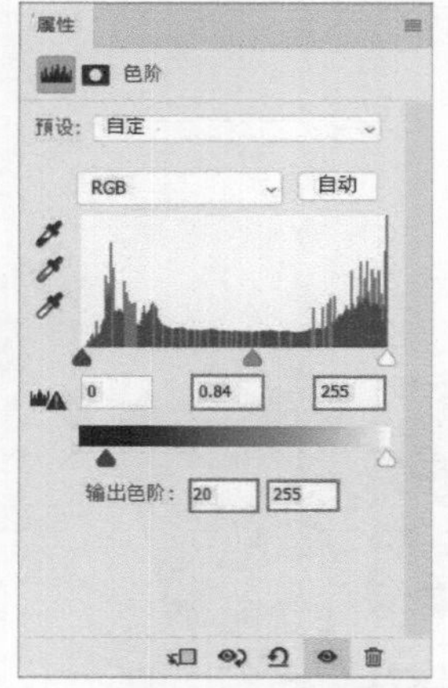

09 单击“图层”面板下方的“创建新的填充或调整图层” 按钮，在弹出的菜单中选择“色相/饱和度”命令，在弹出的“属性”面板中，降低“红色”的“饱和度”和“明度”，然后添加“图层蒙版”并用“画笔工具” 擦除人物部分。

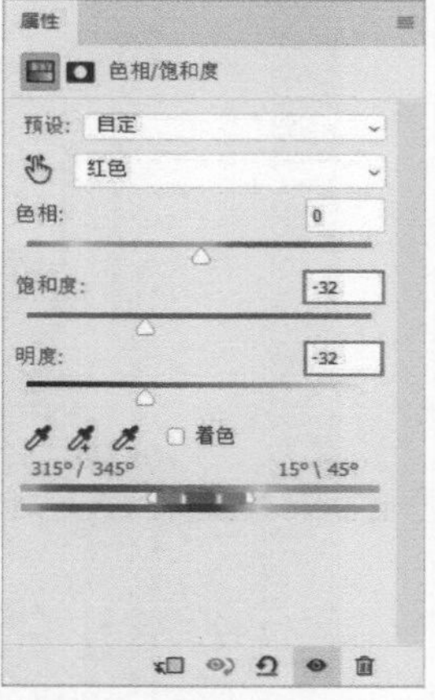

10 创建“盖印”图层，将“盖印”图层重命名为“细节”，在“细节”图层上对照片进行细节调整和修饰。

11 最后试一下Color Efex Pro调色插件。处理韩式风格的照片时，一般适合使用“交叉冲印”的滤镜，然后在“交叉冲印”设置面板中调整一下阴影和高光的参数，单击“确定” 确定 按钮，完成调色。

韩式风格的类型是多种多样的，此案例中给大家演示的是复古典雅的类型。无论什么类型的韩式风格照片，大家都需要注意光影效果。不论是室内拍摄的照片还是室外拍摄的照片，都要强调光源的“唯一性”。在照片中有且只有一个光源，以光源为参考，去刻画图像中的明暗细节。色彩方面尽量统一色调，不要太过花哨，图像饱和度也不要太高。只要大家按照光影与色彩的调整标准去调修照片，就可以调出浪漫唯美的韩式风格。

054 如何调出古香古色之工笔画风格

工笔画风格源于中国古典绘画，它唯美、古朴和优雅，是典型的中国古典风格，深受大家的喜爱。

案例：古香古色之工笔画风格的调色

扫码看视频

• 视频名称：古香古色之工笔画风格的调色　• 源文件位置：第10章>054>古香古色之工笔画风格的调色.psd

观察左下方的这张照片，人物的造型很古典，人物姿态唯美、优雅，穿着简单、大气，整张照片给人感觉非常古朴。同时画面留白的部分很多，特别适合将其处理成工笔画的风格。

01 打开需要调整的照片，单击“图层”面板下方的“创建新的填充或调整图层”按钮，在弹出的菜单中选择“渐变映射”命令，将图层的混合模式更改为“明度”，为图像进行去灰处理。

02 单击“图层”面板下方的“创建新的填充或调整图层”按钮，在弹出的菜单中选择“可选颜色”命令，设置“颜色”为“黑色”，为图像增加“青色”“黄色”“洋红”，减少“黑色”。从而减少阴影反差，使图像呈现出复古色调，更符合工笔画古朴的特质。

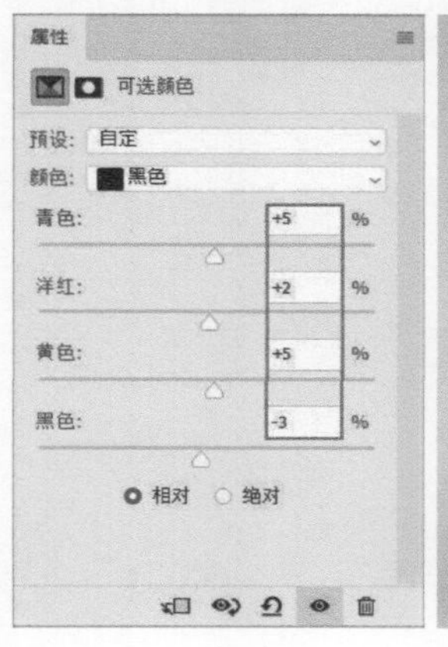

03 单击“图层”面板下方的“创建新的填充或调整图层”按钮，在弹出的菜单中选择“曲线”命令，在弹出的“属性”面板中将暗部适当提亮，再次减少暗部的“硬度”。

04 选择一张宣纸纹理的素材，将其拖曳到画面中，然后将素材图层重命名为“宣纸”，设置“宣纸”图层的混合模式为“正片叠底”。此时，图像已经初现工笔画的效果，只需要进一步修饰即可。

提示 如果我们需要对画面进行二次构图，就一定要在添加宣纸素材之前进行，否则就会破坏宣纸的纹理。

05 将图像中人物的面部放大，此时会发现，宣纸素材叠在人物面部的效果过于粗糙。选择背景图层，使用“魔棒工具”选择人物背景部分，使用快捷键Ctrl+Shift+I进行反选，选中人物部分，然后对选区进行“羽化”处理，设置“羽化半径”为5像素。

06 选择“宣纸”图层，执行“滤镜>模糊>高斯模糊”菜单命令，在弹出的“高斯模糊”对话框中，设置“半径”为20像素。此时人物面部上的粗糙的宣纸纹理就消失了。

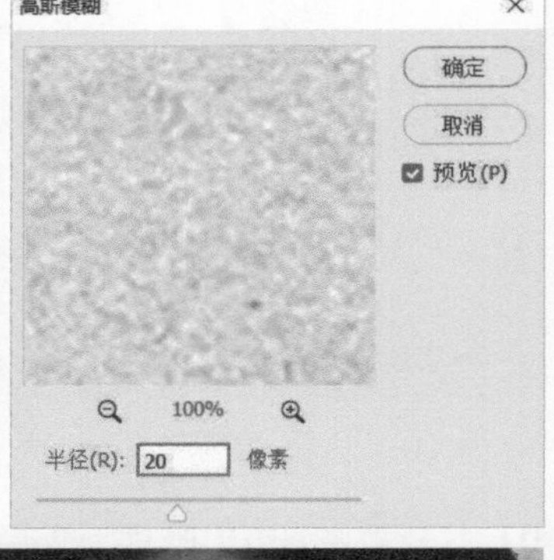

07 执行“滤镜>杂色>添加杂色”菜单命令，在弹出的“添加杂色”对话框中，设置“数量”为5%，让人物部分看起来同样具有纹理效果，但不会像背景那么粗糙。设置完毕后，使用快捷键Ctrl+D取消选区。

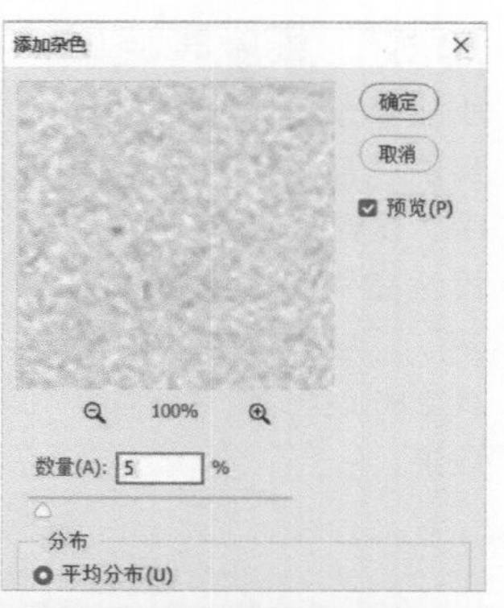

08 在“通道”面板中单击“绿”通道，生成通道选区。单击“图层”面板下方的“创建新的填充或调整图层”按钮，在弹出的菜单中选择“色阶”命令，选区将自动载入到“色阶”的图层面板中，将色阶的高光滑块向左拖曳，提亮选区的亮度，让人物肤色变得相对明亮通透一些。

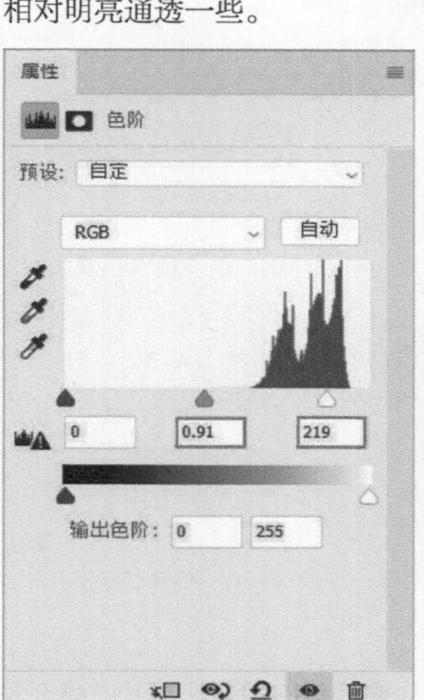

09 此时的人物肤色看起来有些偏红。单击“图层”面板下方的“创建新的填充或调整图层”按钮，在弹出的菜单中选择“色相/饱和度”命令，降低“红色”的“饱和度”，降低“红色”的“明度”，让肤色中的红色变淡。

10 单击“图层”面板下方的“创建新的填充或调整图层”按钮，在弹出的菜单中选择“色彩平衡”命令，在弹出的“属性”面板中，设置“色调”为“高光”，增加高光中的“青色”。

11 调整宣纸图层的位置，将其置于顶层，避免受到其他调色图层的影响。为图像制作工笔画的线条感，使其更加真实。添加“盖印”图层，复制“盖印”图层，将复制得到的图层重命名为“去色”。执行“图像>调整>去色”菜单命令，去掉“去色”图层的颜色。复制“去色”图层，将复制得到的图层重命名为“轮廓线”，设置图层的混合模式为“颜色减淡”，然后使用快捷键Ctrl+I将“轮廓线”图层进行反相处理。

12 执行“滤镜>其他>最小值”菜单命令，在弹出的“最小值”对话框中，设置“半径”为3。设置完毕后，单击“确定”按钮，图像就变成了类似铅笔素描的效果。

13 将“去色”图层和“轮廓线”图层进行合并，将合并后的图层的混合模式设置为“正片叠底”，这样画面就有了轮廓线的效果。最后调整一下画面的细节，添加一些工笔画素材，古香古色的工笔画效果就制作完毕了。

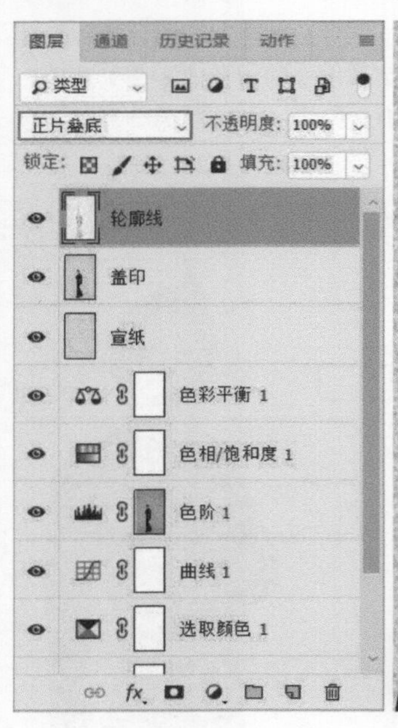

制作工笔画效果之前，一定要仔细分析中国工笔画的绘画特点，抓住工笔画绘画的精髓，这样才能制作出精美的工笔画效果。

055 如何调出自然唯美的小清新风格

小清新风格就是给人清爽自然的感觉。小清新风格的特点与韩式风格有很多相似之处，它同样追求画面柔和唯美，色彩淡雅自然。

案例：自然唯美的小清新风格的调色

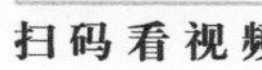

• 视频名称：自然唯美的小清新风格的调色　• 源文件位置：第10章>055>自然唯美的小清新风格的调色.psd

左下方的这张图整体颜色很灰，光影的分布不够明显，颜色没有层次，比较单一，但是人物比较唯美，可将这张图处理为小清新的风格。

01 打开需要调整的照片，单击“图层”面板下方的“创建新的填充或调整图层”按钮，在弹出的菜单中选择“渐变映射”命令，设置图层的混合模式为“明度”，设置“填充”为60%，为图像进行去灰处理，增强图像的光影效果。

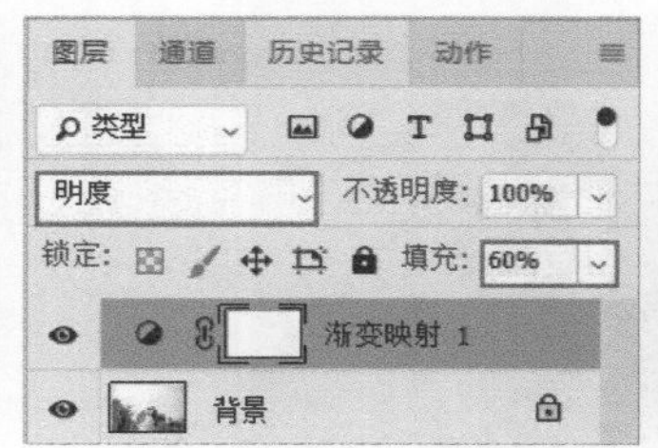

02 单击“图层”面板下方的“创建新的填充或调整图层”按钮，在弹出的菜单中选择“色彩平衡”命令，在弹出的“属性”面板中，设置“色调”为“中间调”，设置“洋红”为-10；设置“色调”为“高光”，设置“青色”为-5，设置“黄色”为-5。这样，照片色彩的中间调以洋红色调为主，高光以青色为主。因为照片是逆光效果，所以还要在高光中适当加黄色，让照片更有光照感。

03 此时，图像整体偏暗，单击“图层”面板下方的“创建新的填充或调整图层”按钮，在弹出的菜单中选择“曲线”命令，在弹出的“属性”面板中添加亮调和暗调的锚点，对亮调和暗调部分进行提亮，让照片看起来亮丽和柔和。

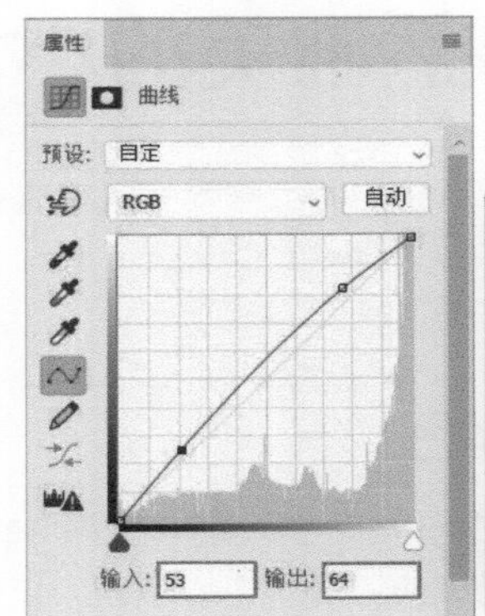

04 单击“图层”面板下方的“创建新的填充或调整图层”按钮，在弹出的菜单中选择“可选颜色”命令，在弹出的“属性”面板中，设置“颜色”为“红色”，“青色”为-10%，“黄色”为-10%，“黑色”为-5%；设置“颜色”为“黄色”，“青色”为-5%，“黄色”为-5%；设置“颜色”为“黑色”，“洋红”为+5%，“黄色”为-5%，“黑色”为-5%。调整照片中的黄色与红色，让肤色以品色为主。对暗部的色调进行适当调整，并且不要让暗部的色调过于浓重。

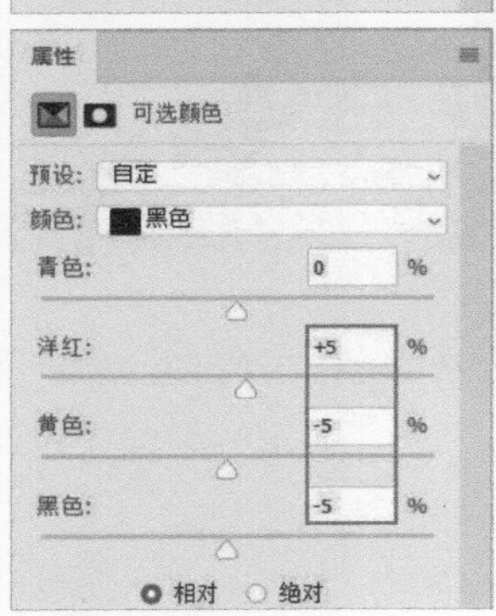

提示 品色其实就是以洋红色为主的暖调，避免皮肤过于偏黄或偏红。品色会让肤色显得干净粉嫩，而红黄色调会让肤色显得不干净，色彩不清爽。当然，也要考虑照片的环境色，如果是逆光照片，肤色要更暖一些。

05 单击“图层”面板下方的“创建新的填充或调整图层”按钮，在弹出的菜单中选择“亮度/对比度”命令，在弹出的“属性”面板中，设置“亮度”为5，“对比度”为5，再次调整光影效果。

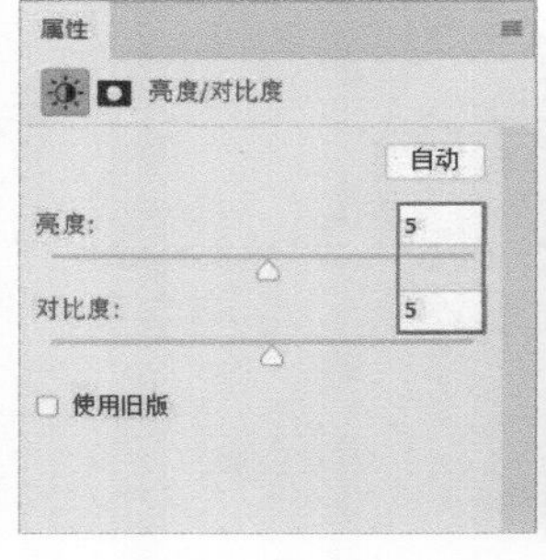

06 为照片添加天空素材。添加“盖印”图层，执行“选择>色彩范围”菜单命令，在“色彩范围”对话框中，设置“颜色容差”为20，单击“添加到取样”按钮，吸取预览框或图像中天空部分。将天空部分的选区进行“羽化”处理，设置“羽化半径”为1.5像素，然后单击“确定”按钮。

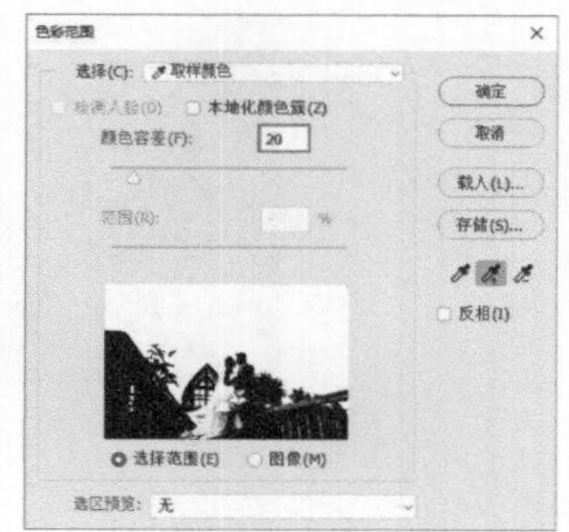

07 使用快捷键Ctrl+J复制天空选区部分，将复制的选区重命名为“天空”。选择一张唯美淡雅的逆光天空素材，将天空素材拖曳到图像中，并重命名为“天空素材”，将图层的混合模式更改为“正片叠底”，调整天空素材在画面中的位置。

08 在天空素材图层上添加“图层蒙版”，按住Shift键从天空素材的下方垂直向下拖曳素材，让天空素材与图像自然融合。

09 按住Ctrl键，单击“天空”图层并生成选区，使用快捷键Ctrl+Shift+I对选区进行反选，然后选择天空素材的“图层蒙版”，用“画笔工具”擦除选区内的天空素材部分。

10 选择天空素材，执行“图像>调整>色彩平衡”菜单命令，在弹出的“色彩平衡”对话框中将“色阶”的数值分别设置为-14、+37和-31，使天空素材的颜色与图像的色调显得自然和谐。

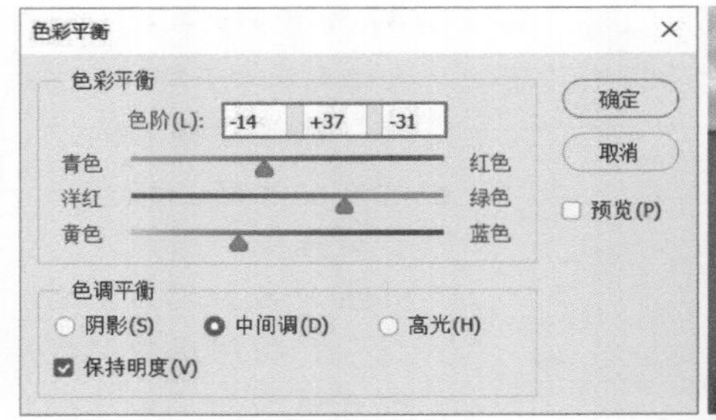

11 添加“盖印”图层，然后复制“盖印”图层，将复制得到的图层重命名为“柔和”。选择“柔和”图层，执行“滤镜>模糊>高斯模糊”菜单命令，在弹出的“高斯模糊”对话框中，设置“半径”为30像素，设置“柔和”图层的混合模式为“柔光”，设置“填充”为50%。

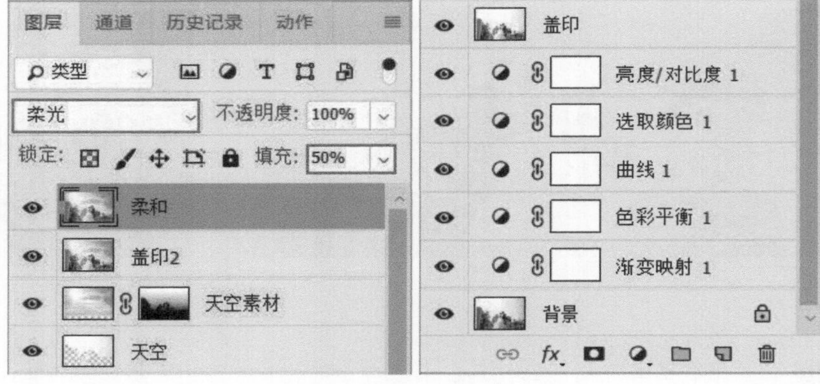

12 执行“图像>调整>色阶”菜单命令，让“柔和”图层的阴影部分不要太重，然后在“柔和”图层上添加“图层蒙版”，擦除人物五官模糊的效果，再对图像进行“锐化”处理，调整一下细节，小清新风格的照片就制作完成了。

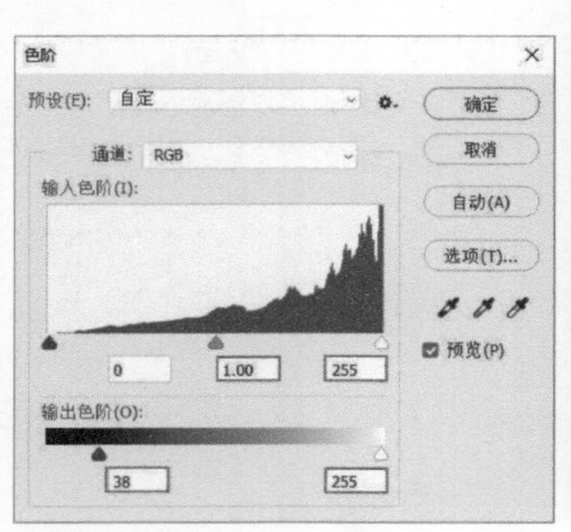

小清新风格与韩式风格的相似之处在于画面都比较柔和，不同之处在于小清新风格中强调粉嫩的肤色，整体色彩要比韩式风格鲜艳一些。在制作小清新风格的效果时，同样需要注意色彩的搭配，使色调对比柔和，不要出现太明显的“撞色”。大家只要抓住小清新风格的特点，就能轻松掌握小清新风格的调色方法。

056 如何调出文艺范的日系风格

日系风格整体感觉低调清爽，淡雅自然，又具有复古的味道。整体的色调风格为“夹心饼干”式，也就是高光和阴影以冷色为主，中间调以暖色为主。照片整体的颜色较柔和，没有强烈的光影反差。

案例：文艺范的日系风格的调色

扫码看视频

• 视频名称：文艺范的日系风格的调色 • 源文件位置：第10章>056>文艺范的日系风格的调色.psd

左下方的这张照片的画面感丰富，看起来比较清新自然，人物整体的造型偏甜美可爱，适合处理为文艺范的日系风格。

01 这张照片已经输出为JPG格式，需要回到“Camera Raw”中进行一些特殊设置。执行“滤镜>Camera Raw 滤镜”菜单命令，进入“Camera Raw ”面板中进行编辑。在“基本”面板中，设置“色调”为-6，“曝光”为+0.40，“高光”为-34，“白色”为+24，“黑色”为-25，“清晰度”为+6。在提高照片的亮度时，不要让光影的反差太大。

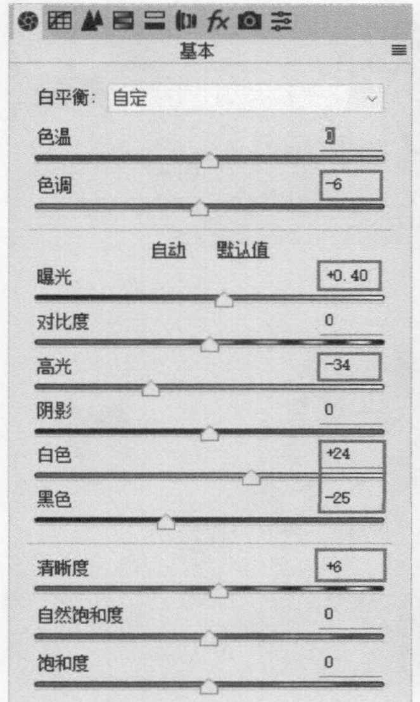

02 在“HSL/灰度”面板中，设置“明亮度”的各参数，设置“黄色”为+6，“绿色”为+48，“浅绿色”为-2，“蓝色”为-2，提亮肤色和画面中的绿色。设置“饱和度”的各参数，设置“黄色”为-8，“绿色”为-50，降低肤色和画面中绿色的饱和度；设置“色相”的各参数，设置“橙色”为+13，“黄色”为+8，“绿色”为+22，让肤色呈现出柠檬黄色调，不要偏红，使画面中的绿色呈现出淡雅的青绿色调。在调节“HSL/灰度”时，主要是针对肤色和植物的颜色进行调节，这也是日系风格的特点之一。

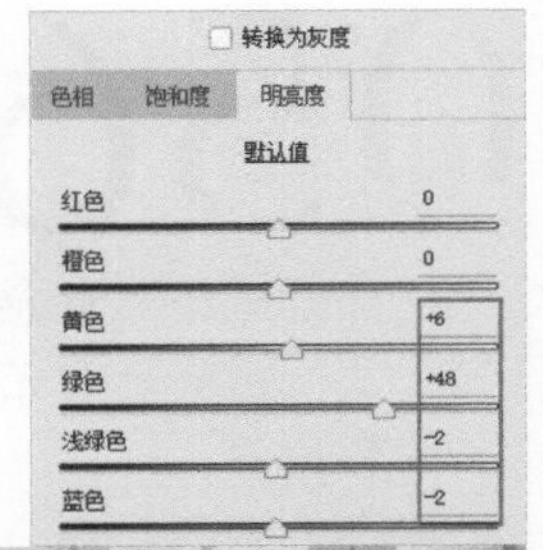

转换为灰度
色相 饱和度 明亮度
默认值
红色 0
橙色 0
黄色 -8
绿色 -50
浅绿色 0
蓝色 0
紫色 0
洋红 0

转换为灰度
色相 饱和度 明亮度
默认值
红色 0
橙色 +13
黄色 +8
绿色 +22
浅绿色 0
蓝色 0
紫色 0
洋红 0

03 在“分离色调”面板中，增加“高光”中的蓝色和“阴影”中的橙色。这一步非常关键，照片瞬间就有了日系特有的清爽色调。

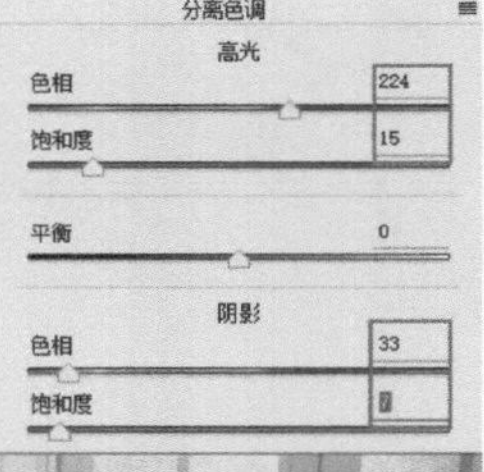

04 回到Photoshop界面，单击“图层”面板下方的“创建新的填充或调整图层”按钮，在弹出的菜单中选择“渐变映射”命令，设置图层的混合模式为“明度”，设置图层的“填充”为60%。

图层 通道 历史记录 动作
类型
明度 不透明度：100%
锁定： 填充：60%
渐变映射 1
背景

05 单击“图层”面板下方的“创建新的填充或调整图层”按钮，在弹出的菜单中选择“色阶”命令，在弹出的“属性”面板中分别对“RGB”和“红”通道的参数进行设置。利用“色阶”的属性在照片的高光中增加青色，在阴影中增加红色。

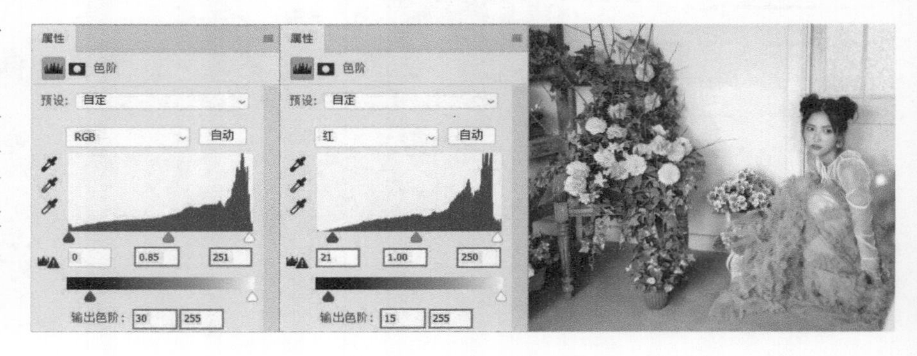

06 单击“图层”面板下方的“创建新的填充或调整图层”按钮，在弹出的菜单中选择“色彩平衡”命令，在弹出的“属性”面板中，设置“色调”为“阴影”，并添加青色；设置“色调”为“高光”，并添加蓝色。接下来再次对照片高光和阴影的色调进行调整。

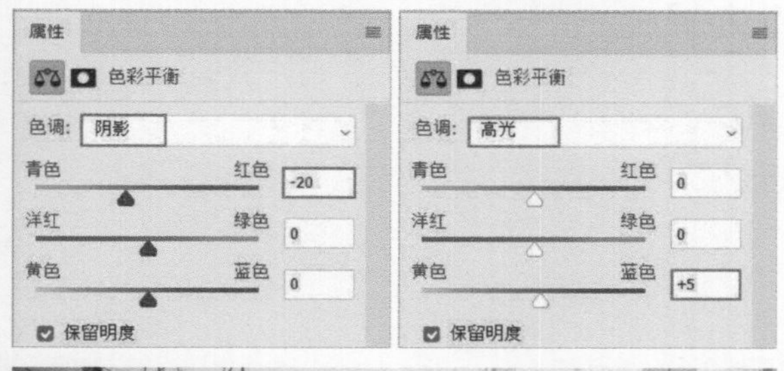

07 单击“图层”面板下方的“创建新的填充或调整图层”按钮，在弹出的菜单中选择“色相/饱和度”命令，在弹出的“属性”面板中，设置“绿色”的“色相”为+6，让植物的颜色偏青一些，设置“饱和度”为-54，让植物颜色的饱和度降低一些。

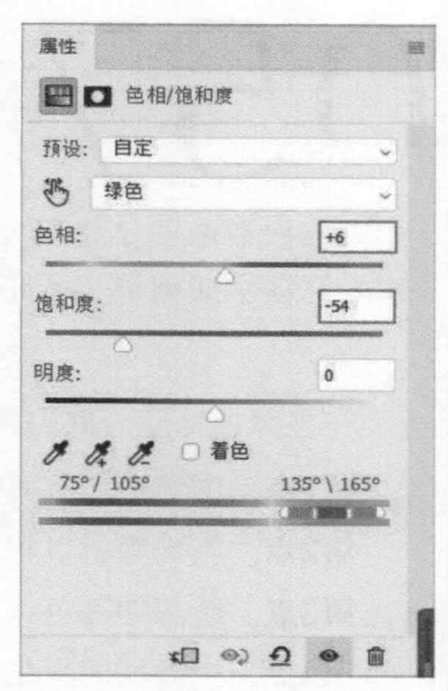

08 单击“图层”面板下方的“创建新的填充或调整图层”按钮，在弹出的菜单中选择“纯色”命令，设置图层的颜色为（R:209，G:224，B:224）。添加一个青灰色的单色图层，然后设置图层的混合模式为“正片叠底”。为“颜色填充”图层添加一些杂色。执行“滤镜>杂色>添加杂色”菜单命令，在弹出的“添加杂色”对话框中，设置“数量”为5%，勾选“高斯分布”和“单色”选项，让画面更具有胶片的效果。最后，这张文艺范十足的日系风格照片就处理完成了。

日系风格不是一成不变的，可以清爽淡雅，也可以复古优雅，还可以活泼跳跃。只要抓住日系风格的关键特点，然后根据照片的感觉灵活调整即可。

057 如何调出自由奔放的旅拍风格

旅拍渐渐成了年轻人拍摄婚纱的新选择。旅拍照片的风格多种多样，多有自由奔放的特性。接下来为大家演示如何调出当下流行的旅拍风格。

在将照片处理为旅拍风格的色调时，需要注意以下几点。

第1点， 图像中的色彩明度不要过高，颜色要相对厚重。

第2点， 高光颜色以青色或洋红色居多。

第3点， 暗部偏冷色（蓝色、青色或绿色）。

第4点， 中间调的颜色不要调整太多。

第5点， 暗部不会出现“死黑”，会带点灰度的感觉，类似电影胶片的效果。

在为照片转档时，需要注意以下几点。

第1点， 注意片子的整体亮度，不要太亮，要有厚重的感觉。

第2点， 注意高光与白色的控制。

第3点， 注意黑白灰3个基点的控制，片子不要太硬，可稍微灰一点。

第4点， 利用三原色控制整体照片的色彩。

第5点， 利用“HSL/灰度”控制好色彩的明暗、纯度和色彩的偏向。

案例：自由奔放的旅拍风格的调色

扫码看视频

• 视频名称：自由奔放的旅拍风格的调色　• 源文件位置：第10章>057>自由奔放的旅拍风格的调色.psd

左下方的这张照片的色调很自然，人物的造型比较时尚，情绪比较饱满，画面的氛围是轻松愉快的，非常适合调整为旅拍风格。

01 打开需要调整的照片，单击“图层”面板下方的“创建新的填充或调整图层”按钮，在弹出的菜单中选择“黑白”命令，然后在弹出的“属性”面板中，调节原片中不同色彩的明度，让照片色彩层次更加立体。将图层的混合模式更改为“柔光”，如果光影效果过于强硬，可以适当降低图层的“不透明度”。

提示　“渐变映射”命令和“黑白”命令都可以为图像去灰，增强画面的光影反差，不同的是利用“黑白”命令调整出来的效果更加硬朗，适用于塑造反差强烈的风格。

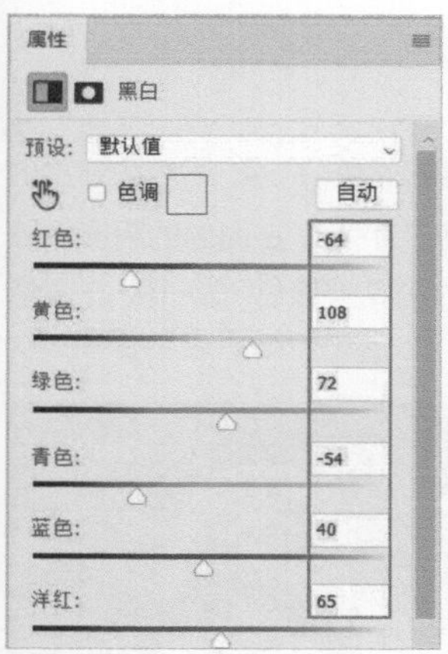

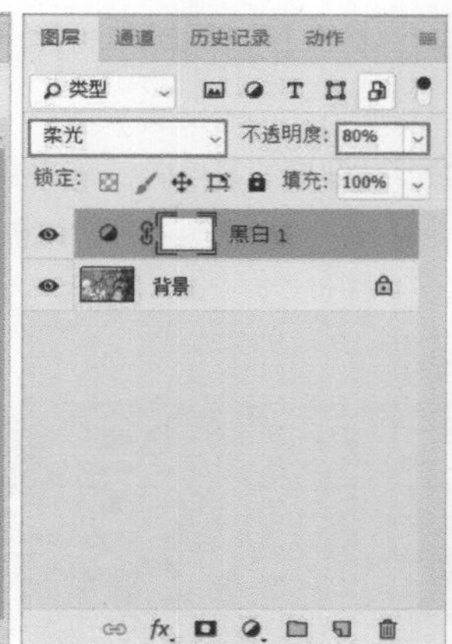

02 单击“图层”面板下方的“创建新的填充或调整图层” 按钮，在弹出的菜单中选择“色阶”命令，然后在弹出的“属性”面板中，分别调整“红”“绿”“蓝”的输出色阶参数，让图像中的色调丰富多变。

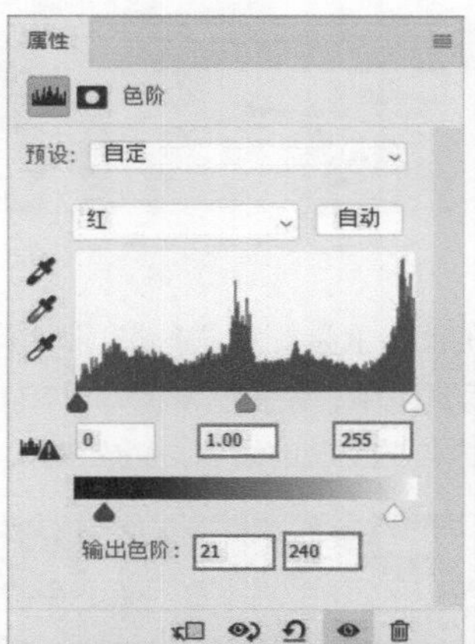

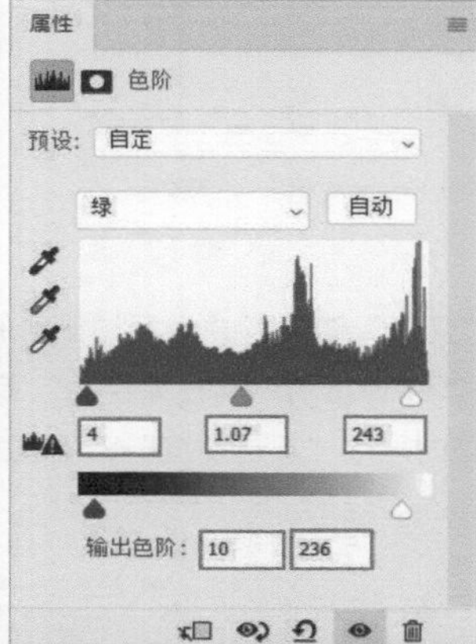

03 单击“图层”面板下方的“创建新的填充或调整图层” 按钮，在弹出的菜单中选择“可选颜色”命令，然后在弹出的“属性”面板中，设置“颜色”为“黑色”，“青色”为+19，“洋红”为-1，“黄色”为+15，“黑色”为-10，在图像的阴影中添加冷色，提亮阴影的亮度。设置“颜色”为“白色”，“青色”为+10，“洋红”为+50，“黄色”为-25，“黑色”为-10，在图像的高光中添加暖色，提亮高光的亮度。

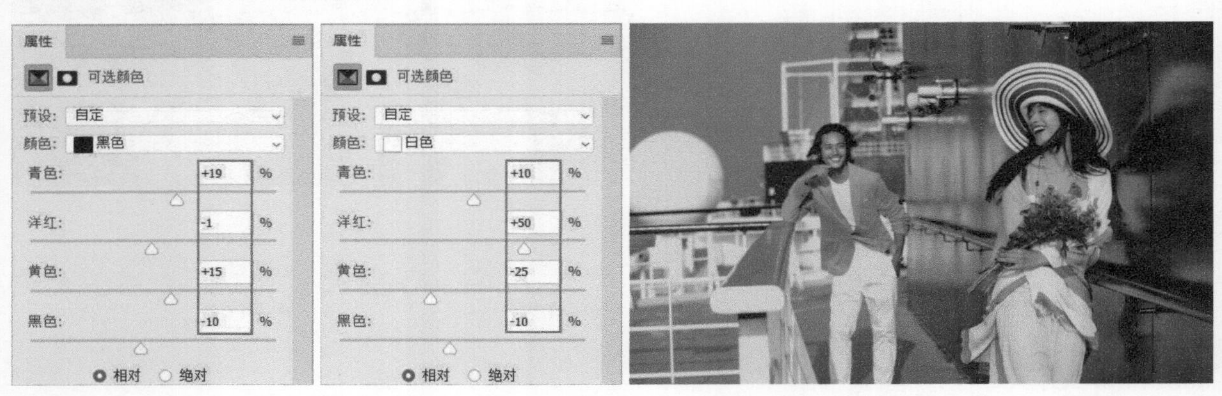

04 添加“盖印”图层，复制“盖印”图层，并将复制得到的图层重命名为“质感”。选择“质感”图层，执行“滤镜>其他>高反差保留”菜单命令，在弹出的“高反差保留”对话框中，设置“半径”为10.0像素，设置“质感”图层的混合模式为“叠加”，适当调整图层的“不透明度”，处理人物的皮肤的细节，完成操作。

提示　如何判断一张照片是否适合处理为旅拍风格呢?旅拍风格的关键就是要追求“旅拍感”，前期拍摄突出拍摄地的特色，营造出旅行的气氛。因此，旅拍一般选择在森林、草原、海边和古城等具有特色风格的场景，展现真实自然的画面。

从调色的角度来看，旅拍风格主要强调色彩的层次，强化图像的质感。在调色的过程中，尽量不要破坏原片的光影层次，让照片看起来真实自然。旅拍色调没有固定的模式，只需让旅拍照片显得个性十足即可。

058 如何调出梦幻唯美的风格

梦幻唯美的风格一直深受大家的喜爱。梦幻唯美风格强调光影的反差和融合效果，显得神秘而深邃。接下来就为大家讲解演示调出梦幻唯美的风格。

案例：梦幻唯美风格的调色

扫码看视频

• 视频名称：梦幻唯美风格的调色　• 源文件位置：第10章>058>梦幻唯美风格的调色.psd

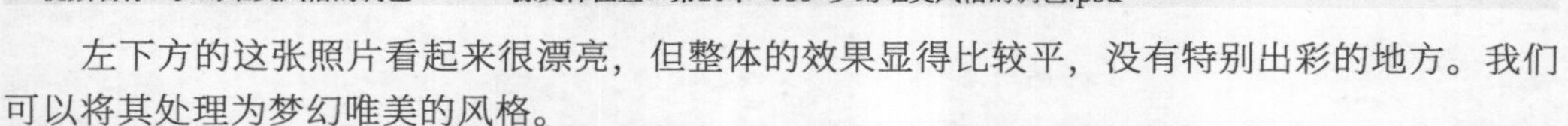

左下方的这张照片看起来很漂亮，但整体的效果显得比较平，没有特别出彩的地方。我们可以将其处理为梦幻唯美的风格。

01 打开需要调整的照片，复制“背景”图层，并将复制得到的图层重命名为“细节”。选择“细节”图层，执行“图像>调整>阴影/高光”菜单命令，在弹出的“阴影/高光”对话框中，设置“阴影”中的“数量”为10%，“色调”为50%，“半径”为50像素。设置“高光”中的“数量”为5%，“色调”为50%，“半径”为30像素。设置“调整”中的“颜色”为+20，“修剪黑色”为0.01%，“修剪白色”为0.01%。将照片的暗位细节恢复出来，并将高光适当压暗一点。

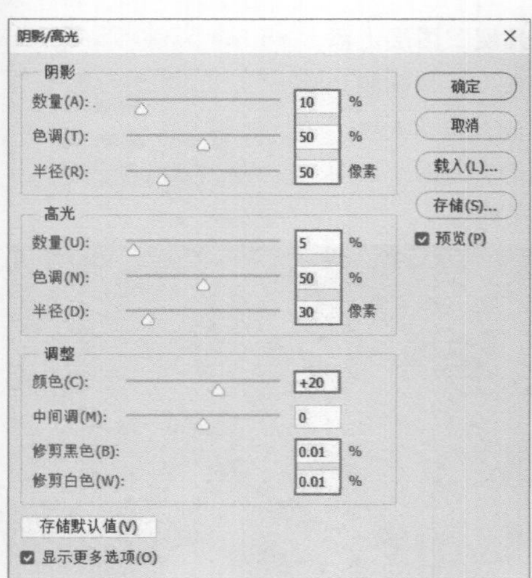

提示 在后续的调色步骤中，需要压暗照片的阴影部分，所以要预先将阴影部分的细节恢复得更加细致。

02 对照片中的裙摆进行液化处理，执行“滤镜>液化”菜单命令，在弹出的“液化”面板中选择“顺时针旋转扭曲工具”，将裙摆液化成S曲线的形状，使裙摆看起来更飘逸。

04 在“高光”图层上添加“图层蒙版”，擦除人物面部和裙摆上过于明亮的部分。单击“图层”面板下方的“创建新的填充或调整图层”按钮，在弹出的菜单中选择“曝光度”命令，然后在弹出的“属性”面板中设置“曝光度”为-2.91，将画面整体压暗。

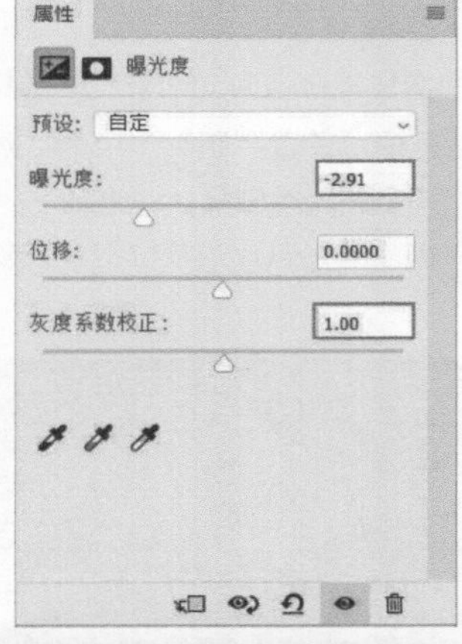

03 在“通道”面板中，单击“绿”通道，将图像中的高光部分生成选区。复制高光选区，并将复制得到的选区重命名为“高光”。执行“滤镜>模糊>高斯模糊”菜单命令，在弹出的“高斯模糊”对话框中，设置“半径”为30像素，设置“高光”图层的混合模式为“叠加”。

05 在“曝光度”图层上添加“图层蒙版”，擦除照片中高光的部分，包括人物、裙摆和背景等，此时，画面已有梦幻唯美的效果。

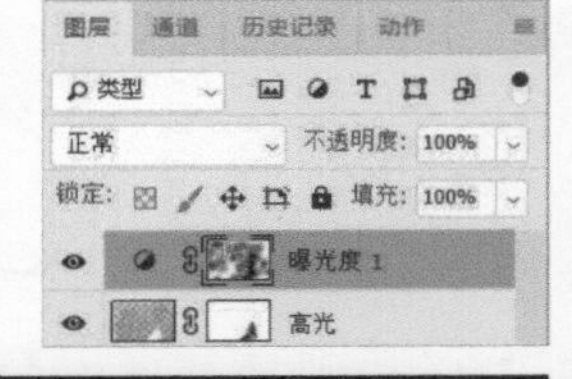

06 为了让画面更加梦幻唯美，可以为画面增加一道光束。新建空白图层，将图层重命名为“光束”。使用“钢笔工具” 在“光束”图层上添加锚点，绘制出光束的线框。

07 使用快捷键Ctrl+Enter将“钢笔工具” 所选中的线框转化为选区，然后对选区进行“羽化”处理，设置“羽化半径”为200像素，再为选区填充白色。

08 更改“光束”图层的混合模式为“叠加”，这样我们就为画面制作了光束效果。

09 单击“图层”面板下方的“创建新的填充或调整图层” 按钮，在弹出的菜单中选择“渐变映射”命令，然后选择“黑白渐变”，将图层的混合模式更改为“明度”，为照片进行去灰处理，增强画面的光影反差。

10 添加“盖印”图层，复制盖印图层，并将复制的图层重命名为“锐化”。选择“锐化”图层，执行“滤镜>锐化>USM锐化”菜单命令，在弹出的“USM锐化”对话框中，设置“数量”为80%，设置“半径”为2.0像素。最后，修饰一下照片的细节，这张梦幻风格的照片就制作完成了。

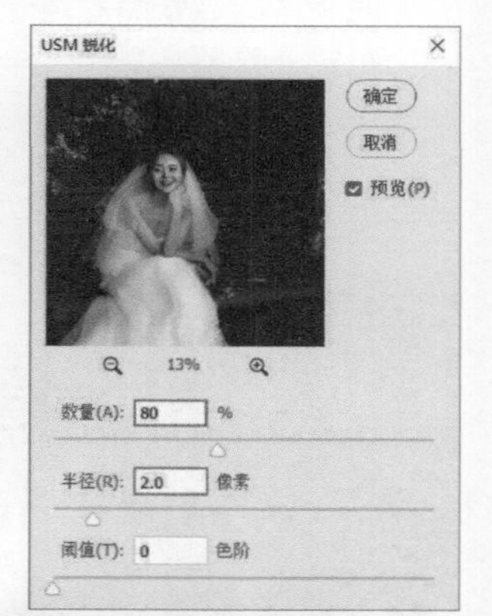

制作唯美梦幻风格的关键是提取照片中的高光部分，为其添加高斯模糊的效果，并将图层的混合模式更改为“叠加”，让照片中的高光变得柔和靓丽。同时，将照片整体亮度压暗，让高光和阴影形成明显的反差效果。唯美梦幻风格适合表现大场景的照片，尤其是有绿植的照片。

059 如何调出纪实外景的风格

所谓纪实婚纱摄影，其实是由西方的婚纱摄影转变而来的。西方的婚纱摄影主要是在婚礼当天拍摄，也就是所谓的纪实。纪实婚纱摄影的特点就如同它的名字一样——纪实。纪实婚纱摄影不像传统拍摄，它没有固定的时间，没有固定的地点，没有固定的动作，如同一部电影，需要人物演绎和摄影师捕捉，追求自然和真实。

对纪实婚纱摄影进行后期修图时，要确保色彩的真实和自然，不要有太明显的“后期痕迹”，尽量保留原片的光影效果，不刻意改变。同时可模拟传统胶片摄影的色调效果，质感厚重，轮廓感强，像电影的画面效果。

案例：纪实外景风格的调色

扫码看视频

• 视频名称：纪实外景风格的调色　　• 源文件位置：第10章>059>纪实外景风格的调色.psd

左下方的这张照片是一张在模仿婚礼现场的外景照片，场景非常大气。接下来看看将其处理为纪实外景风格是什么样的效果。

01 打开需要调整的照片，单击“图层”面板下方的“创建新的填充或调整图层”按钮，在弹出的菜单中选择“黑白”命令，然后在弹出的“属性”面板中，将“黄色”和“绿色”的“明度”压暗，降低画面中草地的明度，增强画面的密度感，接着将图层的混合模式更改为“柔光”。

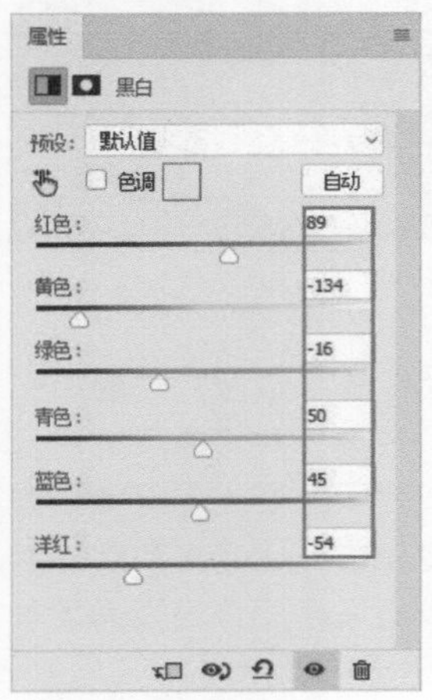

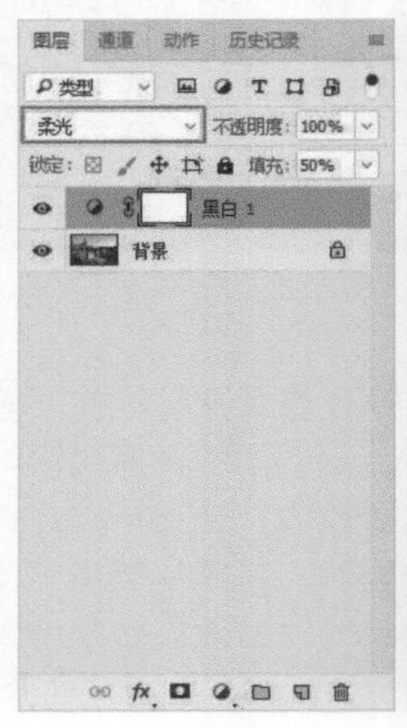

02 单击“图层”面板下方的“创建新的填充或调整图层” 按钮，在弹出的菜单中选择“可选颜色”命令，然后在弹出的“属性”面板中设置“颜色”为“黄色”，“青色”为+36%，“黑色”为+10%，为画面中的草地增加青色。设置“颜色”为“白色”，“黑色”为-25%，提亮画面中的白色，增强画面的光影层次。设置“颜色”为“中性色”，“黑色”为+5%，增加中间调的密度，让画面更加厚重。

03 添加“盖印”图层，复制“盖印”图层，将复制得到的图层重命名为“质感”。选择“质感”图层，执行“滤镜>其它>高反差保留”菜单命令，在“高反差保留”对话框中设置“半径”为10.0像素。设置“质感”图层的混合模式为“叠加”，“填充”为50%。在“质感”图层上添加“图层蒙版”，擦除人物肤色上过多的高反差保留效果。

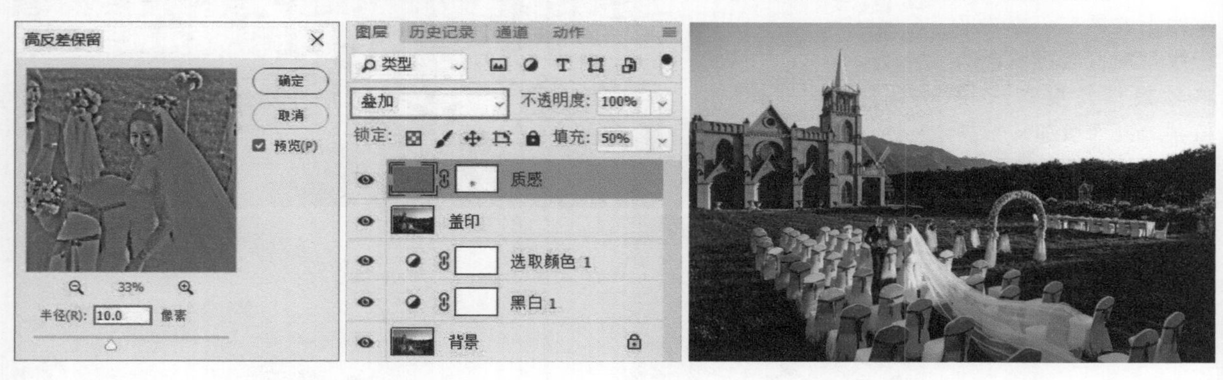

04 添加“盖印”图层，将图层重命名“盖印2”。在“盖印2”图层上执行“选择>色彩范围”菜单命令，选择图像中天空部分，将天空部分进行“羽化”处理，设置“羽化半径”为1.5像素。

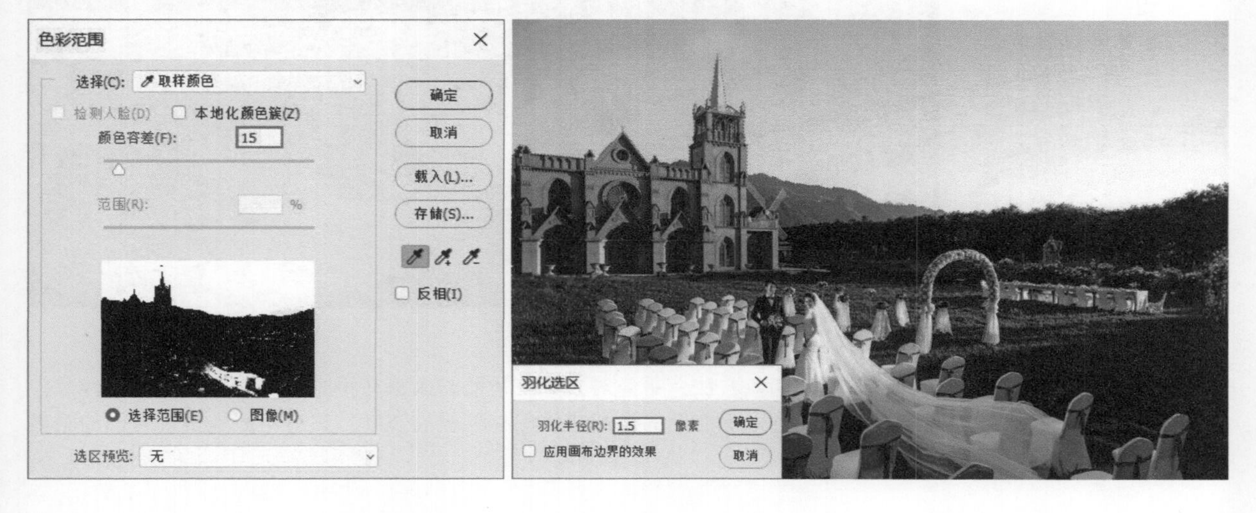

05 使用快捷键Ctrl+J复制选区，将复制得到图层重命名为“天空”。选择一张适合照片光影效果的天空素材。将天空素材拖曳到图像中，将图层重命名为“天空素材”。使用快捷键Ctrl+Alt+G将天空素材作为“剪切蒙版”，并将其添加在天空图层之上。然后根据原图中的天空环境调整天空素材的位置。

06 添加“盖印”图层，将图层重命名为“盖印3”。在“盖印3”图层上执行“滤镜>模糊画廊>移轴模糊”菜单命令，调整“移轴模糊”平行实线上的锚点，旋转平行线角度，选择适合的移轴模糊角度和模糊值，为画面增加移轴模糊效果。处理一下画面的细节，纪实外景风格的调色就完成了。

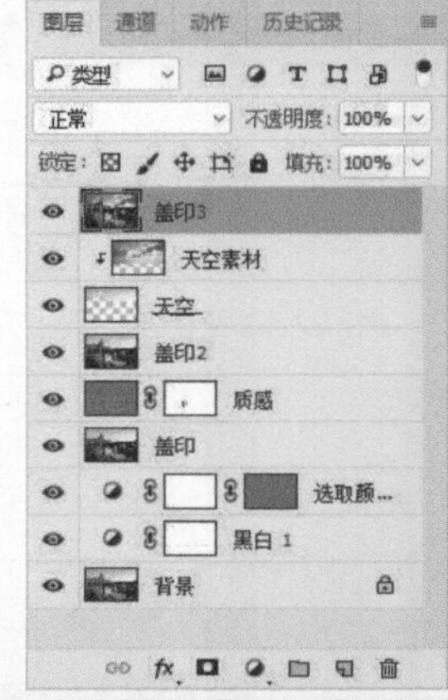

提示 处理纪实风格照片时，“移轴模糊”是常用的滤镜之一，它可以让大场景的照片具有较强的虚实感。专业的纪实摄影师甚至会使用移轴镜头进行拍摄，达到移轴模糊的画面效果。

本章讲解了几种比较流行的风格的调色方法，希望对大家有帮助。大家在平时可多收集一些后期作品，要善于总结和借鉴，才能跟上步伐，并且对于后期的学习应该保持积极的态度，只有不断地提升自己的眼界和审美，才能制作出更好的作品。

第 11 章

11

简单实用的修图技巧

060 如何将人物皮肤变得细腻和立体
061 如何使用“仿制图章工具”修饰皮肤
062 如何修饰大场景中人物的皮肤
063 如何使用“高低频”更好地修饰皮肤
064 如何避免场景中“穿帮”的尴尬

060 如何将人物皮肤变得细腻和立体

对于一名修图师来说，对人物皮肤进行修饰是最基本的能力。有些刚刚入行的新手修图师在修饰人物皮肤的过程中，往往会把人物的皮肤修得很“平”或很“花”，破坏了人物面部的光影关系。对于皮肤的修饰，我们需要注意以下几点。

第1点，修图较高的境界是没有“后期”的痕迹。在修图过程中，最关键的是调整照片中的颜色关系、黑白灰关系和画面明暗元素之间的过渡关系等。人物皮肤修饰并不是越光滑越好，而是要保留人物皮肤的纹理，避免把人物修成“蜡像”。不论是什么类型的人像修图，都应该以保留肌肤的纹理，光影过渡自然为标准。

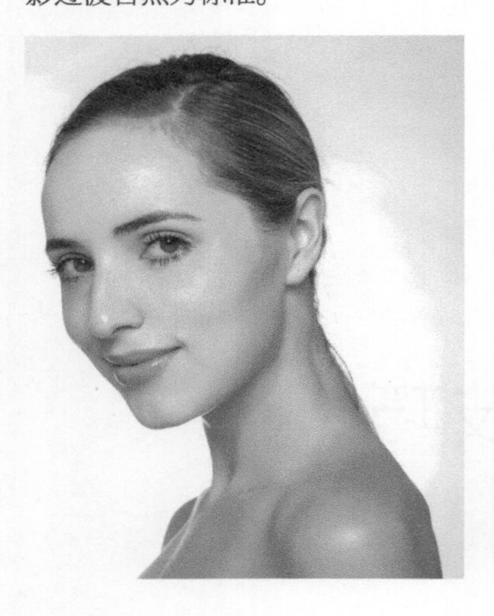

第2点，培养正确的观念和审美。在修饰婚纱写真类的照片时，应该借鉴商业修图的观念和审美。修图的本质不是彻底改变照片，而是审美和技术并重。另外，在修图之前，希望大家可以养成一个好习惯——耐心地观察照片。对照片有一个整体的把握，不要抓住一个细节不放。

第3点，保持人物肌肉结构的形态。修图后要保持人物肌肉结构的形态，仅在原图的基础上处理掉不美观的瑕疵即可。对于男性人像来说，需要保留更多的皮肤质感和肌肉结构，制作出阳刚的效果，并去掉一些不美观的瑕疵。

第4点，修饰皮肤时，用好工具至关重要。Photoshop中有很多可以用来修饰皮肤的工具，其中最常用的就是“污点修复画笔工具”、“修补工具”和“仿制图章工具”。在修饰瑕疵的时候，可以使用“污点修复画笔工具”和“修补工具”进行处理，将瑕疵修饰完毕后，再用“仿制图章工具”进行整体的“磨皮”处理。

提示　修图的工具和相关的插件有很多，可根据照片的效果选择不同的修图方法。

061 如何使用“仿制图章工具”修饰皮肤

“仿制图章工具”是修饰皮肤细节时最常用的工具之一，在婚纱摄影方面运用得比较多。它的特点是操作快捷方便，如果运用得当，可以快速修饰出光滑细腻并且富有质感的皮肤。很多人认为，用“仿制图章工具”修饰皮肤，只能把皮肤涂抹均匀，这样的理解是错误的。“仿制图章工具”不仅能将皮肤涂抹均匀，还能塑造人物皮肤光影的细节。在使用“仿制图章工具”时，需要注意以下几点。

第1点，在使用“仿制图章工具”之前，要设置好工具选项栏中的各选项。对于新手来说，千万不要把“不透明度”的参数设置得过大，否则很容易把照片修得很平。

1400 模式：正常 不透明度：25% 流量：100% 对齐 样本：当前图层

第2点，在使用“仿制图章工具”之前，要使用“修补工具”或“污点修复画笔工具”将画面中比较明显的瑕疵处理掉。“仿制图章工具”的工作原理是选取皮肤的光滑部分，将其覆盖在不光滑的部分上，最终让人物整体的皮肤光滑细腻，均匀统一。

第3点，选择“仿制图章工具”后，可以根据需要来调节画笔的大小。修饰细节时，建议将画笔调小；修饰面积比较大的部分时，例如额头和颧骨等部分，建议将画笔调大。在涂抹的过程中，要灵活调整画笔的大小。

修饰细节部分，例如修饰鼻子和嘴巴的轮廓时，要将图像放大，用小画笔仔细修饰，保证细节没有瑕疵。

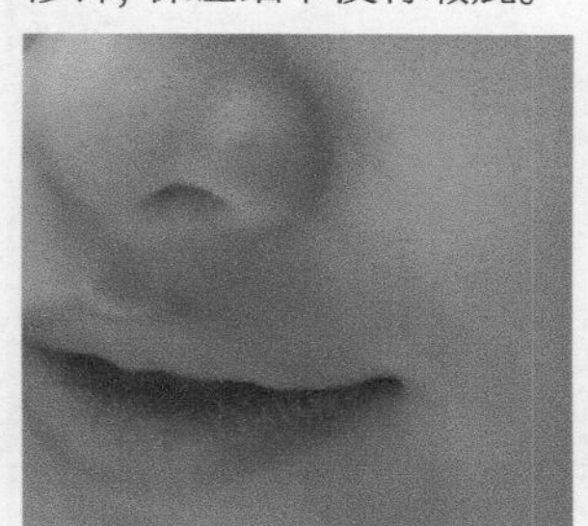

在修饰相对平整的面部时，可以用大画笔进行涂抹，保证光影自然地过渡。

在使用“仿制图章工具”对皮肤进行修复时，要先按住Alt键在图像中进行取样，也就是选择仿制源。按住Alt键时，指针会变成靶心形状，松开Alt键时，指针又恢复成画笔的形状，此时就已经记录了仿制源。然后按住鼠标左键，在皮肤粗糙的部分进行涂抹，对其进行修复。

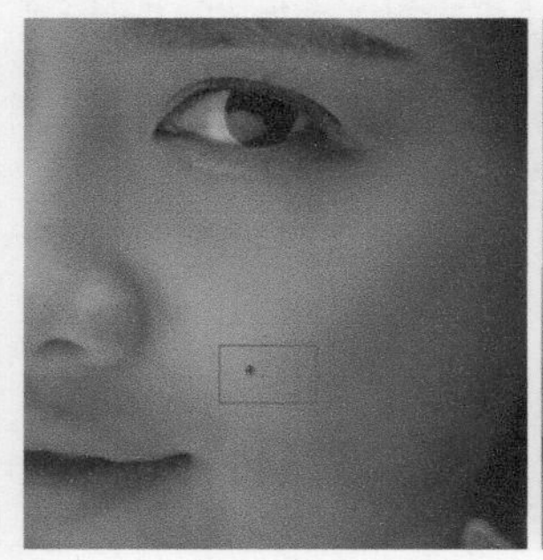

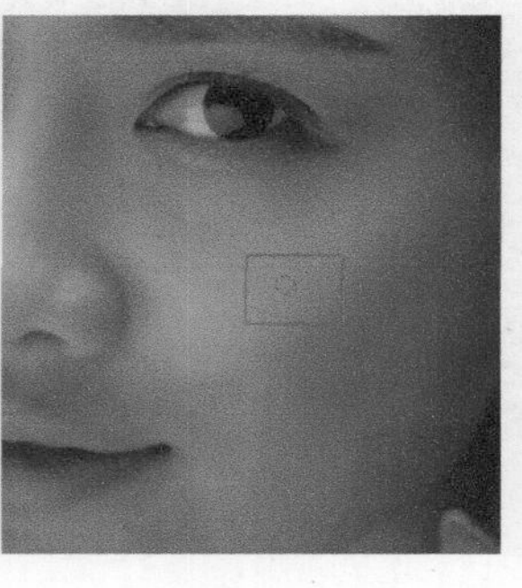

需要注意的是，在涂抹的过程中，不要破坏皮肤的明暗结构和皮肤本就细腻的部分。在涂抹的过程中，可以根据皮肤的明暗变化选择不同的仿制源。

修饰皮肤，不仅仅是修饰皮肤的瑕疵，也需要考虑皮肤的明暗变化。“仿制图章工具”更像是一把“雕刻刀”，对人物皮肤和光影仔细雕琢，修饰瑕疵和面部轮廓。

修饰前　　修饰后

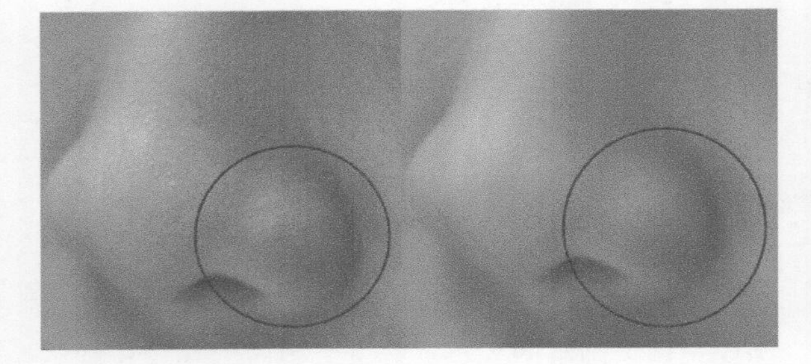

如果刚刚接触“仿制图章工具”，可能操作起来不是很顺手。只要多加练习，就能慢慢熟练使用。

062 如何修饰大场景中人物的皮肤

上一问讲解了使用“仿制图章工具”修饰人物皮肤的方法。但不是所有照片都适合使用“仿制图章工具”进行处理，例如大场景的照片中的人物比较小，因此在放大照片时，人物皮肤就会出现色斑和粗颗粒。如果使用“仿制图章工具”就无法选择较为平整的仿制源。接下来为大家讲解修饰大场景照片中人物皮肤的工具——“混合器画笔工具”。

案例：修饰大场景中人物的皮肤

• 视频名称：修饰大场景中人物的皮肤　• 源文件位置：第11章>062>修饰大场景中人物的皮肤.psd

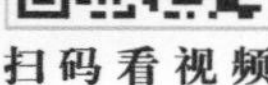
扫码看视频

看左下方的这张照片，把照片中的主体人物放大后，人物皮肤色斑会变得非常严重。下面为大家讲解如何使用“混合器画笔工具”对人物皮肤进行处理。

01 打开需要调整的照片，复制一层“背景”图层，将复制得到的图层重命名为“效果”。选择“混合器画笔工具”，在工具选项栏中，设置“潮湿”为75%，设置“载入”为100%，设置“混合”为100%，设置“流量”为40%，其中“流量”的数值要根据皮肤的效果进行设置，数值越大，涂抹的效果就越明显。按住Alt键，单击人物的面部，我们会发现“混合器画笔工具”工具选项栏中的“小色块”变成了人物面部的小图标。

02 设置完毕后，开始用“混合器画笔工具”进行处理。由于人物非常小，需要将画笔调小。在涂抹人物面部的时候需要注意，沿一个方向进行涂抹，千万不要来回涂抹，否则会导致光影关系混乱。

> **提示** 相信大家在前面的章节中对“混合器画笔工具”已经有了一定的了解，在这里的使用方法与抹平衣服上的褶皱的原理是一样的。不过人物面部的光影更加精细，涂抹不好的话很容易让画面显得很平。

03 将女士的额头涂抹完毕后，额头依旧比较平，没有立体感。这时可以使用“套索工具”圈选额头部分，然后对选区进行“羽化”处理，可设置“羽化半径”为10像素，接着执行“图像>调整>曲线”菜单命令，在弹出的“曲线”窗口中适当提亮选区，增强额头的立体感。

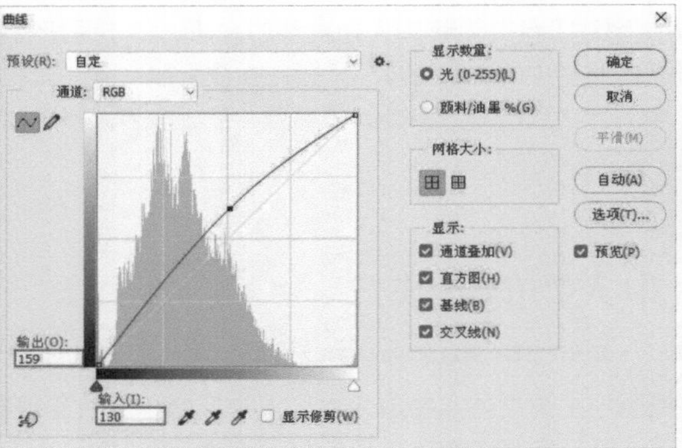

04 使用“混合器画笔工具”处理杂乱的光影关系和脸上的粗糙颗粒。使用“减淡工具”轻轻涂抹人物皮肤的高光部分，如额头、颧骨和下巴等部位，突出高光部分，这样人物皮肤部分的光影看起来就立体多了。

05 调整一下皮肤细节的颜色和亮度，现在人物皮肤变得非常的光滑，照片整体也显得更加精致了。

虽然“混合器画笔工具”和“仿制图章工具”都是用来处理皮肤的工具，但是它们的处理效果还是有差别的。使用“混合器画笔工具”对皮肤进行涂抹时，不能保留皮肤的质感，只能让皮肤变得光滑，适合用来处理大场景中的人物皮肤；使用“仿制图章工具”对皮肤进行涂抹时，既可以保留皮肤的质感，又可以使皮肤细节变得更加精致。

063 如何使用“高低频”更好地修饰皮肤

“高低频”是一种常用的磨皮方法，操作难度不大。大家只要认真学习，就可以轻松掌握。这里为大家演示一下使用“高低频”修图的详细流程。

案例：用“高低频”修饰皮肤

扫码看视频

• 视频名称：用“高低频”修饰皮肤　　• 源文件位置：第11章>063>用“高低频”修饰皮肤.psd

希望通过对本案例的讲解，大家能对使用“高低频”修图有一个更专业的认识。

01 打打开需要调整的照片，复制背景图层，然后使用“污点修复画笔”工具或“修补”工具将人物皮肤上明显的瑕疵修掉。

02 复制两个背景图层，分别将复制得到的图层重命名为“低频”和“高频”。关闭“高频”图层，在“低频”图层上进行磨皮操作。执行“滤镜>高斯模糊”菜单命令，设置“半径”为9像素，去除“低频”图层中皮肤的纹理，只要模糊到皮肤细节纹理看不清即可。

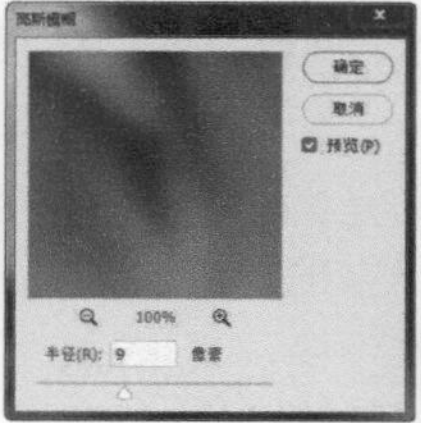

03 在“高频”图层上进行操作。执行“图像>应用图像”菜单命令，设置“图层”为“低频”，“混合”为“减去”，“缩放”为2，“补偿值”为128，然后设置“高频”图层的“混合模式”为“线性光”。

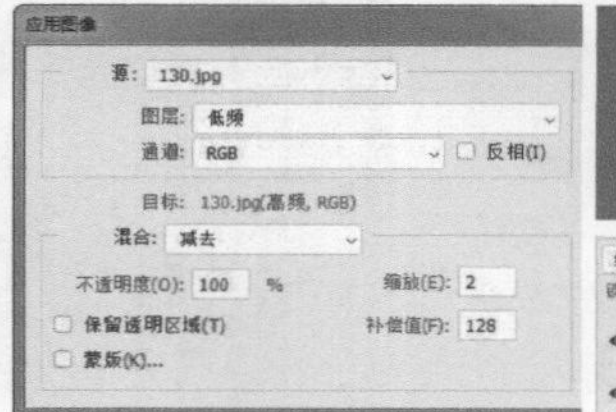

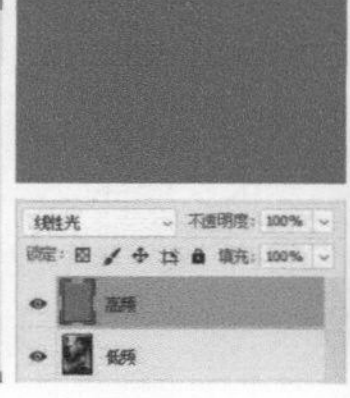

04 这一步开始精修，在此之前需建立观察组。单击“创建新的填充或调整图层”按钮◐，在弹出的菜单中选择“渐变映射”命令，在“渐变编辑器”对话框中设置黑色到白色的渐变，然后单击“创建新的填充或调整图层”按钮◐，在弹出的菜单中选择“曲线”命令，在“属性”面板中适当调整亮度，增强明暗反差效果。最后将两个调整图层合并成一个组，重命名为“观察组”。当图像变成黑白效果时，没有颜色的干扰，便于我们观察图像的明暗过渡。

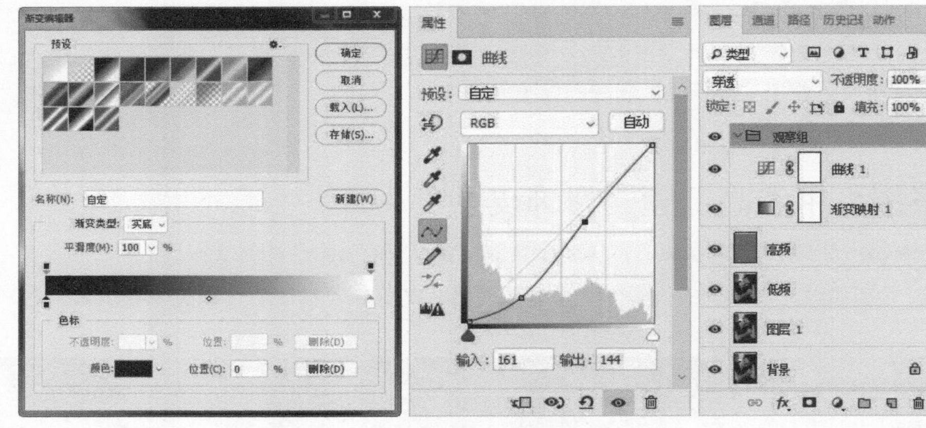

05 复制“低频”图层，在复制的图层上进行修饰。这样做利于我们修改和对比前后效果。选择“混合器画笔工具”🖌，并单击“每次描边后清理画笔”按钮✘，顺着脸部的光影过渡进行涂抹。

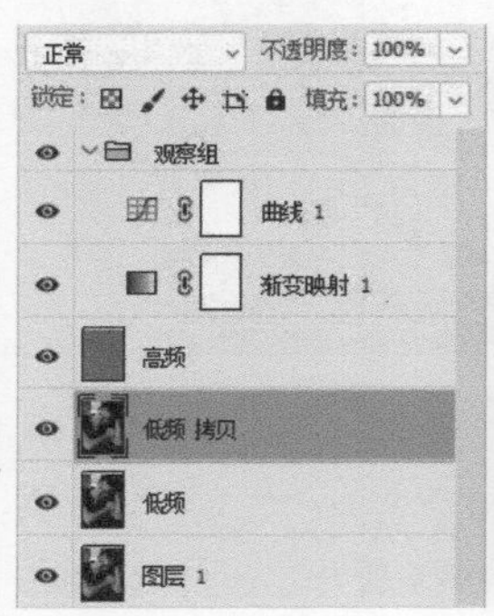

06 在“低频”图层上处理好皮肤的明暗过渡后，可以在“高频”图层上修饰皮肤纹理的问题。到了这一步，“高低频”修图基本就完成了。

“低频”用来过渡皮肤的光影，“高频”用来对皮肤纹理进行修饰，修饰出来的皮肤非常有质感且细腻。大家不妨在日常工作中多加以运用，简单几步就可以模拟出商业人像的质感效果。

提示 “高低频”修图的原理就是将图像拆解成两部分，一部分负责光影和颜色的过渡，一部分负责细节和纹理的处理。“低频”借助“高斯模糊”去除了纹理和细节，保留了高光过渡和颜色。“高频”借助“应用图像”提取到了细节纹理。进行“应用图像”操作时，“混合”选择“减去”，“图层”选择“低频”，意思就是从图像中减去光影和颜色，那么得到的就是纹理细节。但是减掉的这部分像素需要用灰色去填充，“补偿值”128就代表中性灰，中性灰在“线性光”图层混合模式下，又是可以完全不显示的。

064 如何避免场景中“穿帮”的尴尬

修图不光是修饰人物的皮肤。很多照片中会出现“穿帮”的情况，如地面的垃圾和破损的建筑等，这些情况也需要修掉。在修饰“穿帮”的场景时，仅用“修补工具”、“污点修复画笔工具”远远不够，还需要其他工具的配合。下面为大家讲解处理一些在日常工作中经常会出现的“穿帮”情况的方法。

案例：处理斑驳的柱子

扫码看视频

• 视频名称：处理斑驳的柱子　• 源文件位置：第11章>064>处理斑驳的柱子.psd

左下方的这张照片中的柱子十分斑驳，如果只用“修补工具”或“污点修复画笔工具”修饰，会非常吃力，所以这里还会用到“矩形选框工具”。

01 使用“污点修复画笔工具”处理面积较小的斑点，然后使用“矩形选框工具”将柱子中光滑的部分选中，使用快捷键Ctrl+J复制选区，将复制的选区图层重命名为“柱子”，最后将复制得到的柱子部分向下拖曳，覆盖掉柱子斑驳的位置。注意一定要与柱子对齐，可以使用“自由变换”命令调整一下柱子的透视角度。

提示　在处理画面中“穿帮”的内容时，仅仅使用一种工具很难完成，我们需要开动脑筋利用多种工具进行处理。

02 为“柱子”图层创建图层蒙版，用“画笔工具”擦除柱子上边衔接不自然的部分，这样就可以轻松地把整根柱子修饰得非常光滑了。

案例：修饰玻璃上难看的反光

扫码看视频

• 视频名称：修饰玻璃上难看的反光　　• 源文件位置：第11章>064>修饰玻璃上难看的反光.psd

在左下方的这张照片中，玻璃上映着马路对面的发光字，在画面中非常显眼而且很不协调。在处理的时候，需把发光字修掉，还要保证玻璃后面的广告照片不被破坏。

01 使用“套索工具” 圈选一块发光字，按Delete键，在弹出的“填充”对话框中，设置“内容”为“内容识别”，“模式”为“正常”，“不透明度”设置为100%，设置完毕后，单击“确定” 按钮。我们发现红色的发光字消失了，但是广告图片的纹理还是不和谐。此时可以再次使用Delete键调出“填充”对话框，重复刚才的操作，或者使用“修补工具” 进行修复，就可以把广告图片的纹理修饰得很自然了。

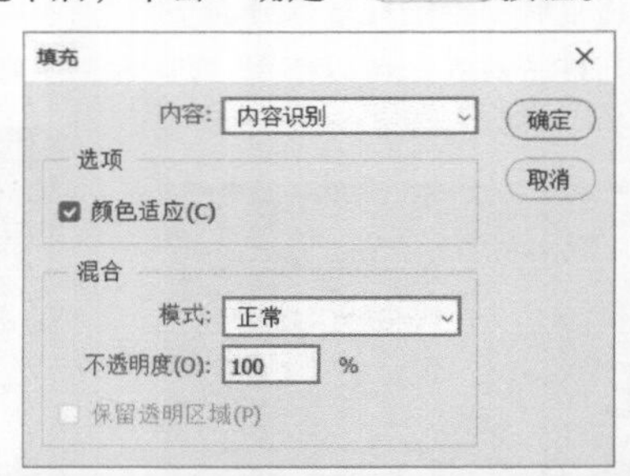

02 用同样的方法，把其他部分的发光字处理掉。

提示 “填充”是我们在处理大面积“穿帮”内容时常用的一个命令，会让图片达到意想不到的效果。被选取的部分通过精密的计算能与周围的纹理巧妙地过渡。

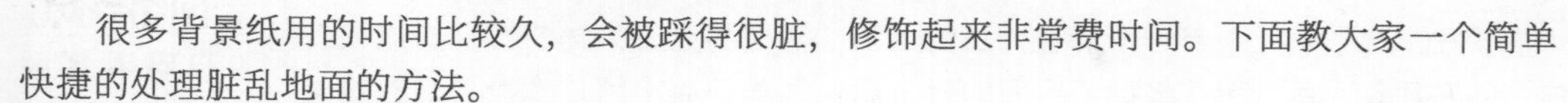

案例：处理脏乱的地面

扫码看视频

• 视频名称：处理脏乱的地面　• 源文件位置：第11章>064>处理脏乱的地面.psd

很多背景纸用的时间比较久，会被踩得很脏，修饰起来非常费时间。下面教大家一个简单快捷的处理脏乱地面的方法。

01 打开需要调整的照片，复制“背景”图层，并将复制得到的图层重命名为“压暗”，将图层的混合模式改为“正片叠底”，这样地面上的杂乱痕迹就没那么明显了。

02 在“压暗”图层上添加“图层蒙版”，使用快捷键Ctrl+I对蒙版进行“反相”处理。设置前景色为白色，使用“画笔工具” 轻轻涂抹地面，恢复出地面被压暗的效果。

03 合并图层，设置前景色为黑色，使用“画笔工具” 在地面上仔细涂抹，这样就可以轻松地处理掉地面上那些杂乱的痕迹了。

案例：去掉不需要的人物

扫码看视频

• 视频名称：去掉不需要的人物　　• 源文件位置：第11章>064>去掉不需要的人物.psd

可以看到，左下方的这张照片中有一个躲在门后的人物，需要将这个人物修饰掉。如果使用普通工具来修饰，会花很多时间，而且修掉了后面的背景后，很难还原出照片本身自然的效果。如果遇到这种比较难处理的“穿帮”，我们可以换一种思路，下面为大家进行具体讲解。

01 选择一张处理好的树枝素材。将树枝素材拖曳到照片中，执行“滤镜>模糊>高斯模糊”菜单命令，在弹出的“高斯模糊”对话框中，设置“半径”为173.3像素，让树枝变得模糊。

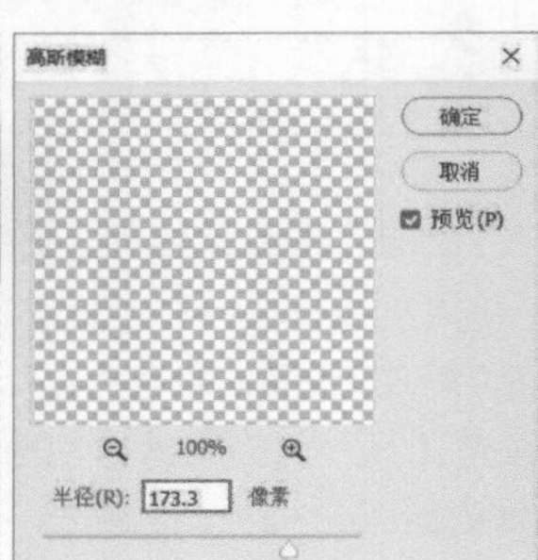

02 调整一下树枝素材的角度，将图像中的人物完全遮挡住。这样就为画面巧妙地添加了前景素材，同时处理掉了画面中难以修饰的“穿帮”内容。

> **提示** 在修补“穿帮”内容的时候，也许会碰到各种各样的问题。我们要灵活使用工具，对画面进行处理。

这里主要为大家解决了如何处理照片中各种“穿帮”内容的问题。在实际的修图工作中，还会碰到各种问题，我们需要“见招拆招”，运用不同的方法解决。

第 12 章

12

让画面更真实的合成技术

065 如何达到以假乱真的合成效果

066 如何为照片添加前景素材

067 如何让天空的合成更真实和生动

068 什么是嫁接合成

069 如何让抠图合成更真实、更自然

070 唯美的飘纱效果是怎么做出来的

065 如何达到以假乱真的合成效果

在修图的过程中难免会遇到有些照片看起来非常单调，缺乏生动感的情况。在处理这类照片的时候，我们可以在画面中添加一些素材，让画面更活泼。

案例：制作以假乱真的合成效果

扫码看视频

• 视频名称：制作以假乱真的合成效果　• 源文件位置：第12章>065>制作以假乱真的合成效果.psd

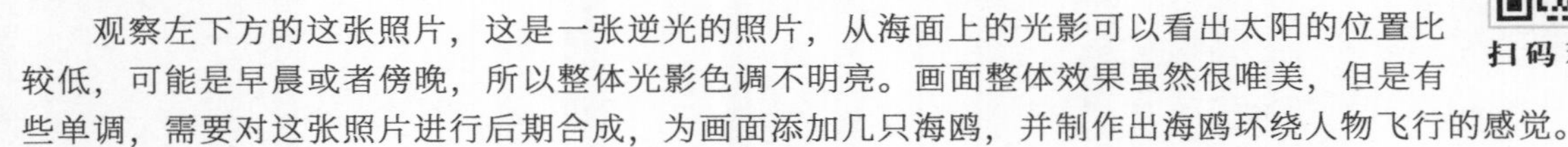

观察左下方的这张照片，这是一张逆光的照片，从海面上的光影可以看出太阳的位置比较低，可能是早晨或者傍晚，所以整体光影色调不明亮。画面整体效果虽然很唯美，但是有些单调，需要对这张照片进行后期合成，为画面添加几只海鸥，并制作出海鸥环绕人物飞行的感觉。

01 找到海鸥的素材，最好是经过抠图处理的，这样比较方便进行后期合成。在画面中，笔者添加了3只海鸥，将A放在画面的左下角，将B和C分别放在画面的上方和右上角。同时，对3只海鸥的大小分别进行调整。为A添加了较明显的动感模糊效果，这样就会有A瞬间从摄影镜头划过的效果即制作出3只海鸥围绕着人物飞行的感觉。

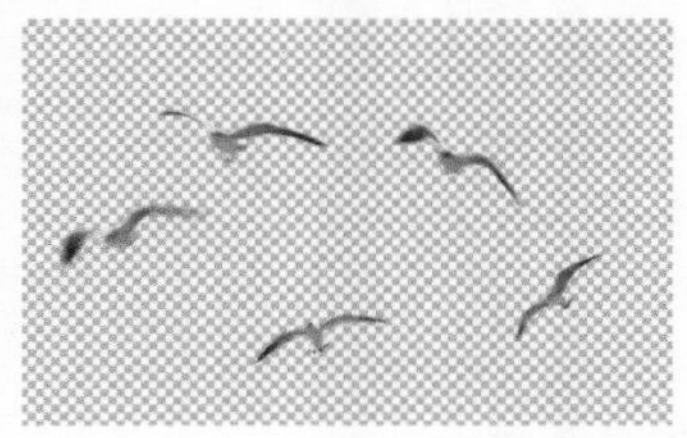

02 考虑一下光影的因素。由于画面是逆光的效果，因此海鸥的亮度有些偏亮，与真实环境不符，所以将3只海鸥的亮度都调暗了，这样看起来更加真实。同时还要考虑到A距离镜头比较近，从摄影师的角度去观察，A可能要稍微明亮一些。

提示 作为一名修图师，想要把照片合成得真实自然，就一定要多观察自然界的光影变化、透视关系和环境色等细节，只有这样才能制作出精彩的作品。

03 为照片统一添加环境色。新建一个空白图层，并命名为“环境色”，然后为图层填充土黄色，将其混合模式更改为“滤色”，设置“填充”为72%，即可得到暖暖的逆光效果。此时，人物、大海和海鸥都在金黄色的阳光之下，海鸥就会更加融入画面了。

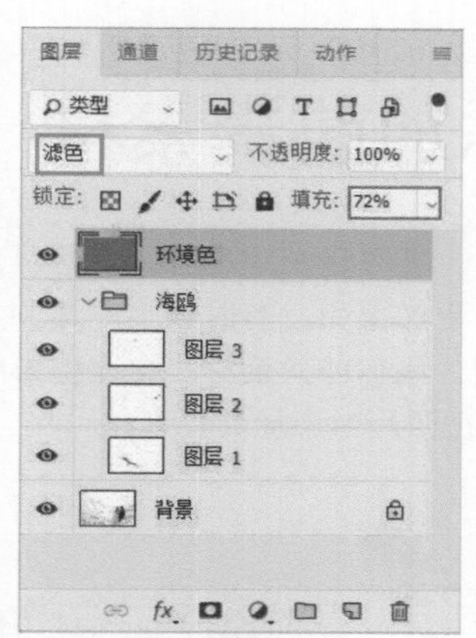

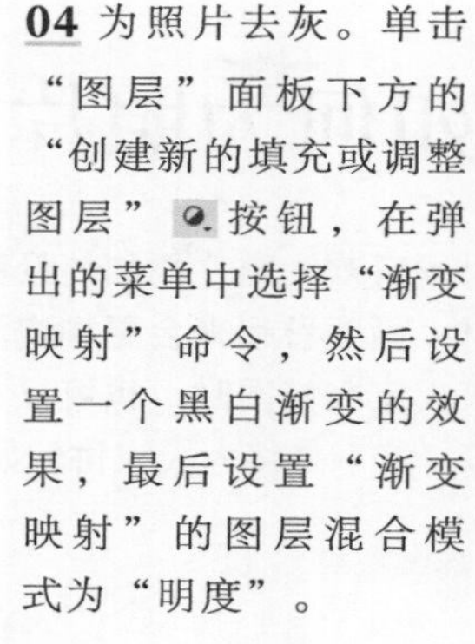

04 为照片去灰。单击“图层”面板下方的“创建新的填充或调整图层”按钮，在弹出的菜单中选择“渐变映射”命令，然后设置一个黑白渐变的效果，最后设置“渐变映射”的图层混合模式为“明度”。

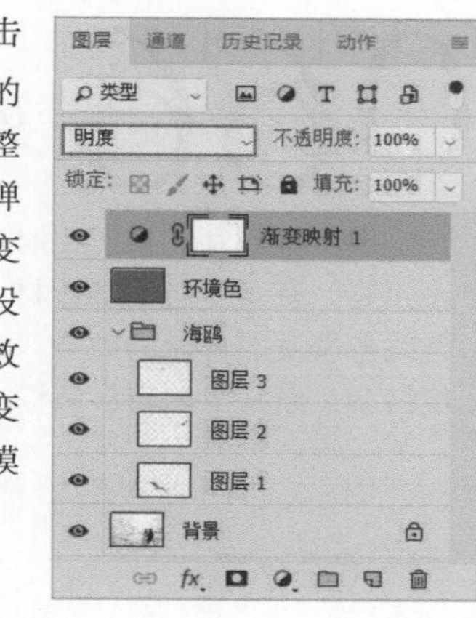

05 将准备好的光效素材添加到照片中，将图层重命名为“光效”，设置该图层的混合模式为“滤色”，并建立“图层蒙版”，擦除多余的光效。添加光效效果后，3只海鸥也会受到光效的影响，呈现出逆光的光影效果，画面感就更加真实了。最终，得到了一张非常具有真实感的照片。

通过以上对素材合成的讲解，大家可以发现，素材合成时一定要考虑到很多细节因素，才能做到真实自然。其中包括素材的大小比例、虚实变化、光影环境和环境色等因素，只有满足这些条件，才能达到“以假乱真”的合成效果。

066 如何为照片添加前景素材

很多摄影师在拍照的时候喜欢为照片添加前景素材，有时是一片花丛，有时是一片树叶，有时是水晶吊顶等。有了这些前景素材，画面看起来会更加饱满，更加柔和，有时候也能达到遮挡照片中“穿帮”或者线条凌乱的部分的效果。大家在修图时，也可以为照片添加前景素材，这比摄影师在拍摄时添加前景方便得多，而且更加容易调整。接下来将为大家讲解如何在照片中添加前景素材。

案例：为照片添加前景素材

扫码看视频

• 视频名称：为照片添加前景素材　　• 源文件位置：第12章>066>为照片添加前景素材.psd

添加素材的方法其实很简单，只需要找到一张适合用于添加的前景素材。在左下方的这张照片中，左侧树干旁的长椅部分有些凌乱，可以利用前景素材进行遮挡，同时也不会让画面效果显得过于平淡。

01 在添加前景素材时，可以使用“就地取材”的方法，使用“套索工具”在树上选择一片区域。一般情况下不要添加画面中没有的素材，否则会显得比较突兀。将选好的区域进行“复制”操作，然后将图层重命名为“前景”。使用快捷键Ctrl+T结合“自由变换”菜单命令，将前景素材放大。

02 执行“滤镜>模糊>高斯模糊”菜单命令，在弹出的“高斯模糊”对话框中，设置“半径”为80像素，此时前景素材就变得非常虚化了。

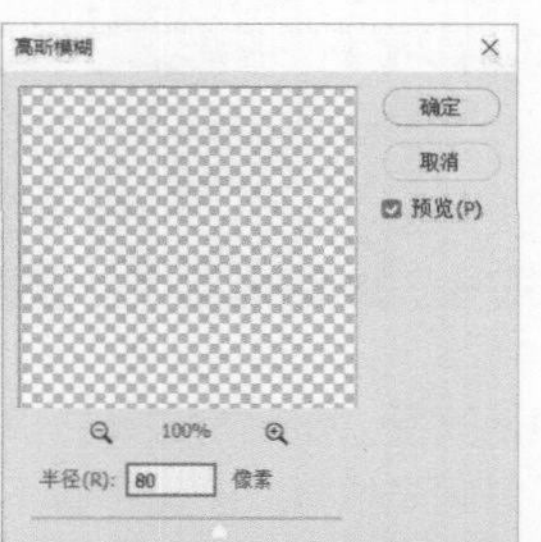

03 调整前景素材的位置，完成前景素材的添加。

提示 在添加前景素材时，尽量使用“就地取材”的方法，这样处理后的画面效果会比较自然。如果选择一个与画面不符的前景素材，画面就会产生违和感，缺乏真实性。

为照片添加前景素材可以为照片增添美感。合理地为照片合成前景，很多时候也可以减少很多修图过程中的麻烦。例如，当画面中出现一大片“穿帮”的内容时，不一定要修掉，可以添加前景素材对其进行遮挡。当画面中的局部光影出现问题，如曝光过度或者过暗时，也可以利用添加前景素材的方法对其进行美化。

067 如何让天空的合成更真实和生动

天空的合成，对于一张外景的照片来说非常关键，不仅能够增强画面的美感，还能让照片的风格特点变得更加明确。无论是天空素材的选择，还是天空素材的位置摆放，都要经过认真仔细地考究。在合成天空时，需要注意以下几点。

第1点，观察照片的风格。如果是清新淡雅的风格，往往会选择相对平静淡雅的天空素材；如果是大气磅礴的感觉，则会选择云层相对厚重、视觉冲击力较强的天空素材。看右边这两张照片，靠左的照片给人非常恬静的感觉，所以在合成天空的时候，笔者选择了云层不明显的渐变色天空，给照片增加浪漫唯美的气氛。靠右的照片给人非常开阔的感觉，所以在合成天空的时候，笔者选择了云层厚重的天空，让画面更具有视觉冲击力。

▶

第2点，观察照片的拍摄效果，判断是逆光拍摄还是顺光拍摄。如果是逆光拍摄，画面中应该有太阳，或者照片会呈现出暖色调，因此应选择色彩斑斓的逆光素材；如果是顺光拍摄，画面中看不到太阳，应选择蓝天白云的素材。看下面这两张照片，左边是非常明显的逆光拍摄的照片，并且人物基本上是剪影的状态，毫无疑问要添加逆光的天空素材，并且素材的色彩和亮度要与照片相符；通过地面上的阴影和人物面部的光线很容易判断出右边是顺光拍摄的照片，并且照片空间感比较强，照片风格也比较时尚，所以笔者选择了一张云层变化大的顺光天空素材。

第3点，观察照片提供的其他信息。观察一下照片的景深，摄影师在拍照的时候会根据构图的感觉去调节相机的景深。景深可以简单理解为被拍摄主体背后的虚实程度。如果景深大，那么被拍摄主体的背后就是非常清晰的，在添加天空素材的时候可以正常添加一张清晰素材；如果景深小，那么被拍摄主体的背后就是虚化的，在添加天空素材的时候就需要根据景深的虚化程度对天空素材做高斯模糊处理，否则天空看起来会不真实。

提示 在合成天空时，除了要注意以上列出的几点，还有一些小细节也不要忽略。例如，摄影拍摄的机位是平视的、仰视的还是俯视的，不同的机位会让天空有不同的效果。还要注意照片中的地平线是否是水平的，地平线也会影响到天空素材的角度。再就是照片整体的色调，天空素材的色调要与照片的色调基本一致，照片看起来才更统一。

案例：为画面添加天空背景

扫码看视频

• 视频名称：为画面添加天空背景　• 源文件位置：第12章>067>为画面添加天空背景.psd

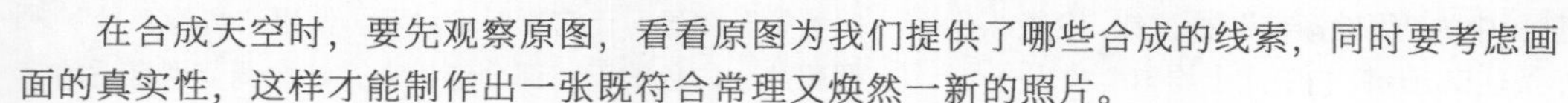

在合成天空时，要先观察原图，看看原图为我们提供了哪些合成的线索，同时要考虑画面的真实性，这样才能制作出一张既符合常理又焕然一新的照片。

提示

看看原图为我们提供了哪些线索。线索1：观察人物的影子、裙摆部分和建筑的光影等，可以判断出这是一张逆光拍摄的照片，并且太阳的位置大概在照片的左边。线索2：照片拍摄景深比较大，人物身后的建筑很清晰，合成的天空素材也可以相对清晰。线索3：照片中地平线相对水平，拍摄机位略微仰视，照片的色温为暖色调。线索4：照片的风格整体感觉自由奔放，大气磅礴。根据这4条线索，基本可以知道该选择什么样的天空素材和如何摆放天空素材了。于是笔者选了一张逆光的并且视觉冲击力强的天空素材，素材的色温与照片相似，也非常有冲击力，大体的透视关系也比较适合，太阳的位置也与照片几乎相同，下面就可以进行天空的合成了。

01 打开需要调整的照片，将天空素材拖曳到“背景”图层上，并把图层的混合模式更改为“正片叠底”，这样天空素材就与照片融合了，现在就可以透过天空素材看到照片了。在这里需要强调的是，尽量让照片中天空部分的颜色为纯白色，通过“正片叠底”融合的天空素材才会更干净，不受原照片天空色彩以及纹理的影响。

02 使用快捷键Ctrl+T结合“自由变换”菜单命令对天空素材进行放大或缩小，并调整天空素材的位置。在这个过程中，不需要等比缩放天空素材，天空素材略微变形也没有关系，重要的是尽量做到人物和建筑不与素材中色彩浓厚的部分重合，否则后续不好处理，并且保证素材上海水的部分拉到照片中地平线以下。

03 在“天空素材”上添加“图层蒙版”，选择“渐变工具” ，单击属性栏中的“线性渐变” 按钮，设置“不透明度”为40%，按住Shift键，自下向上均匀地拉出一个渐变的效果。天空素材中的下半部分就慢慢消失，这样天空素材和照片融合得就更加自然了。

04 处理压在人物和建筑上的天空素材部分。隐藏“天空素材”图层，让它暂时不显示。使用“魔棒工具” 把照片上白色的天空部分选出来，注意调节到合适的容差值才会选得更精确。这里设置“容差”为15，并注意选择时的细节，照片中窗户透光的部分也要选上。将选区进行“羽化”处理，设置“羽化半径”为12像素，使用快捷键Ctrl+J复制图层，重命名后得到“白色的天空”图层。

05 显示“天空素材”图层，让“天空素材”显示出来。按住Ctrl键的同时，单击“白色的天空”图层，这个时候就会重新出现选区，使用快捷键Ctrl+Shift+I进行反选，然后单击“天空素材”图层。此时所有与人物和建筑重合的天空素材部分就在选区之内了。选择“画笔工具” ，设置“不透明度”为35%，设置前景色为黑色，在“天空素材”图层的上小心地擦去选区内的部分。在这里尤其注意选区的边缘部分不要处理得太“硬”，否则会出现明显的白边。通过最后的调整，就能得到一张完整的天空合成的作品了。

提示

在第4步中，我们把照片中的白色天空复制出来，是为了制作天空素材部分的选区，然后对选区进行反选，就能把不需要显示的天空素材部分给选中。当然同样也可以使用“储存选区”和“载入选区”的方法。在用“画笔工具” 擦除多余的天空部分的时候，不是擦得越干净越好，而是要让人物和建筑的边缘有自然的过渡。在擦多余的天空素材的时候，一定要确保是在天空素材的蒙版上操作。

通过上述的例子，相信大家应该对天空的合成有所了解了。修图师不仅要熟悉Photoshop中各工具的使用，更重要的是需要一双善于发现的眼睛——善于发现问题，善于发现美。这需要我们在平日里多加练习，慢慢在实践中积累经验。

068 什么是嫁接合成

“嫁接合成”其实就是把原片中的场景与素材中的场景融为一体，让照片的场景有较大的变化。上一问为大家讲解了天空的合成方法。其实还可以换另外一种方式来添加天空，非常简单，而且效果也非常不错，看下面的例子。

案例：对照片进行嫁接合成

• 视频名称：对照片进行嫁接合成　　• 源文件位置：第12章>068>对照片进行嫁接合成.psd

扫码看视频

先观察左下方的这张照片，天空给人的感觉比较闷，但换掉天空的话会比较费力，并且远处岸边的场景也不是特别漂亮，所以笔者的想法是连同岸边的场景和天空一起换掉。

在操作之前，可先找一张合适的素材，这张素材是湖边连同天空一起的风景照片，远处的风景非常美。

01 打开需要调整的照片，把找好的风景素材拖曳到“背景”图层上，并将素材图层重命名为“天空”。降低“天空”图层的“不透明度”，将素材的湖面与背景图层的湖面对齐。

02 选择“天空”图层，执行“图像>调整>色彩平衡”菜单命令，在弹出的“色彩平衡”窗口中滑动“青色”“洋红”“黄色”的滑块。让素材的色调与背景图片的色调基本一致。

03 在“天空”图层上添加“图层蒙版”，选择“渐变工具”▣，按住Shift键，在图片上拉出一个渐变的效果，此时素材的湖面与背景的湖面就慢慢地融合在了一起。

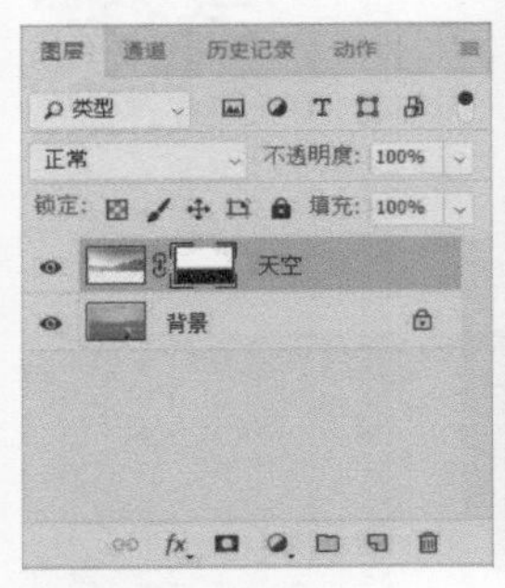

04 在图层蒙版上用“画笔工具”✓仔细擦掉过渡不自然的部分，这样就完成了这张“嫁接合成”的照片。

通过简单的合成，就可以让照片有非常明显的改变。但需要强调的是，“嫁接合成”最大的难点就是真景与假景一定要融合得自然，要多方面地考虑统一的元素，否则画面就不真实。

069 如何让抠图合成更真实、更自然

上一问为大家讲解了“嫁接合成”的操作方法，虽然合成的方法比较简单，但并不是所有的照片都符合“嫁接合成”的条件，所以我们还是会需要面对抠图合成的情况。

在对照片进行抠图合成时，需要注意以下几点。

第1点， 对人物进行抠图处理后，新的背景色彩不能与原图人物的背景色彩相差太大，否则就会出现明显的边缘。如果抠图前后的背景颜色相差很大，就很难做到自然融合；如果抠图前后背景颜色差别不明显，就可以做到自然融合。

第2点， 合成新的背景时，一定要注意背景的大小比例。这也是新手修图师经常容易出问题的地方。如果背景的比例不协调，图片就会缺乏真实性。可以在新背景中寻找参照物进行大小比例的参考，或者观察新背景的透视关系等，来确定人物的大小比例。

第3点， 光影环境因素的协调。需要仔细去观察新背景的光源位置，如顺光情况下人物相对明亮，逆光情况下人物要相对暗一些。

第4点， 环境色的统一。合成人物的色彩偏向要与新背景图片的环境色调一致，画面看起来才更统一，人物才会更加融入。

大家在抠图合成时，只要注意到以上4点，就可以制作出完美的合成作品。下面具体为大家演示抠图合成的具体步骤。

案例：让抠图合成更真实、更自然

扫码看视频

• 视频名称：让抠图合成更真实、更自然　• 源文件位置：第12章>069>让抠图合成更真实、更自然.psd

在左下方的这张照片中，人物的背景比较空，而且比较凌乱，所以笔者选择抠图合成，换一张比较精美的背景图片。

01 打开需要调整的照片，复制一层“背景”图层，并将复制得到的图层重命名为“人物”。为了方便观察，把“背景”图层填充为黑色。这张照片背景部分比较简单。使用“魔棒工具”将背景海水部分选中，然后为其添加“图层蒙版”，进行抠图处理。图中的飘纱很难处理，建议直接抠掉。地面的部分可以使用“钢笔工具”进行抠图，人物脚下的地面可以保留，换新背景时进行与“嫁接合成”相同的操作。

02 选一张漂亮的背景素材，将背景素材拖曳到照片中，然后将背景素材图层移动到“人物”图层下面，并重命名为“海景素材”。

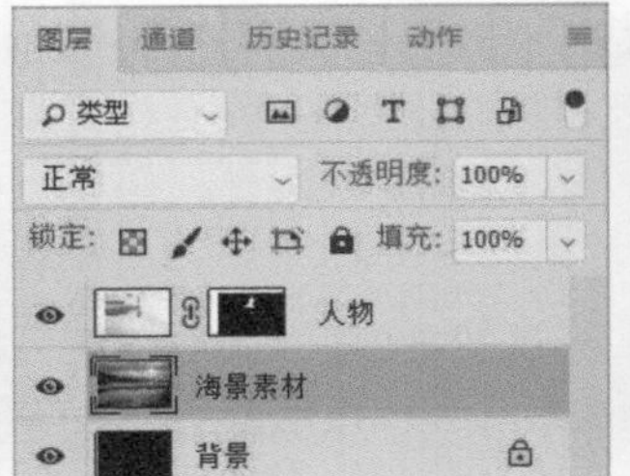

03 调整一下人物的大小比例，同时调整人物在背景素材中的位置。

提示

在这里与大家分享一个小经验：在进行逆光效果的抠图合成时，尽量将人物的位置摆放在素材中太阳的正前方，这样的光影效果更好，且人物原图背景的颜色也与素材中太阳附近的色调较接近，也会减少人物抠图的瑕疵。

04 单击“图层”面板下方的“创建新的填充或调整图层” 按钮，在弹出的菜单中选择“曲线”命令，使用快捷键Ctrl+Alt+G，将“曲线”图层作为剪贴蒙版，将其创建在人物图层上。调整“曲线”的“属性”面板，让人物的光影反差效果与背景素材的光影效果相接近。

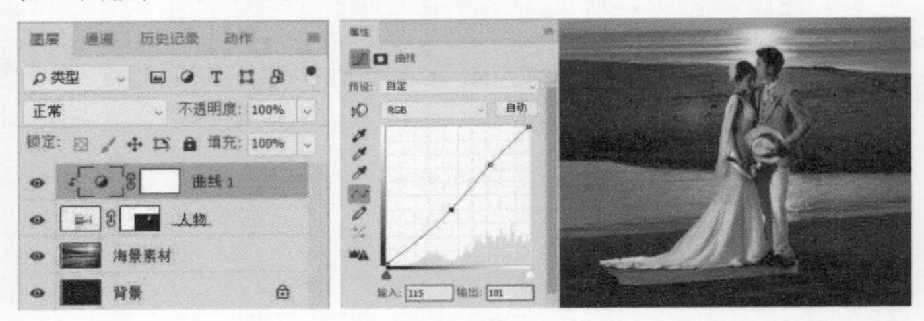

提示

可以这样理解剪贴蒙版：上层是图像，下层是外形。剪贴蒙版的好处在于不会破坏原顶层图像的完整性，并且可以随意在下层处理。如果上层是调色图层，那么调色的效果只会针对基层，不会改变其他图层。在做设计套版时会频繁使用剪贴蒙版。

05 单击“图层”面板下方的“创建新的填充或调整图层” 按钮，在弹出的菜单中选择“色彩平衡”命令，作为剪贴蒙版创建在人物图层，调整人物的整体色调，与背景素材的色调保持一致。

06 处理细节部分，在“人物”的“图层蒙版”中将人物脚下的地面与背景素材融合，同时处理人物的边缘。

07 为了让画面效果更真实，需要为人物制作一个倒影。复制“人物”图层，并重命名为“倒影”，使用快捷键Ctrl+T结合“自由变换”命令，对照片进行“垂直翻转”的操作。

08 将“倒影”图层的混合模式更改为“叠加”，这样水倒影的效果就更加真实了，在“图层蒙版”中擦去地面部分的倒影。

09 如果想让画面再真实一些，可以添加光效。让人物受到光效的影响，会与画面更加融合。添加光效素材时，注意光效素材的位置要与背景中光源的位置完全重合。建立“图层蒙版”，擦去多余的光，让光效素材的光在人物的头部进行一些保留，这样可以将人物和背景素材紧密地联系在一起。

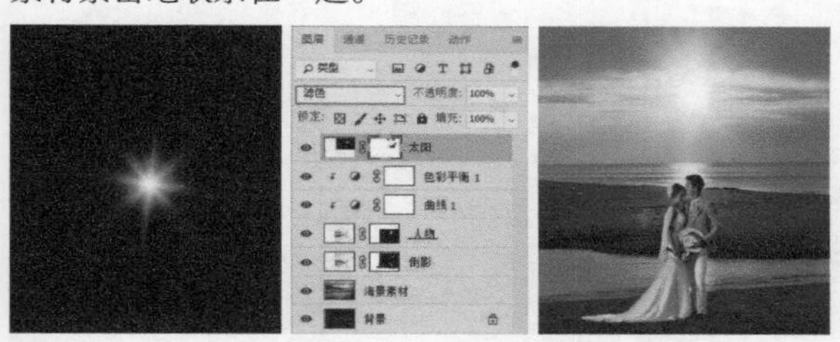

10 继续完善，选择一些海鸥素材，为画面添加一些海鸥。注意一下海鸥素材的摆放位置和大小比例，尽量做到真实自然。

11 单击“图层”面板下方的“创建新的填充或调整图层” 按钮，在弹出的菜单中选择“色阶”命令，将图层作为剪切蒙版创建在“海鸥”图层中。调整海鸥素材的亮度和颜色。这样，这张合成作品就完成了。

提示 在进行合成之前，要事先考虑好选择的背景素材的色调。将人物色调和背景色调进行统一后，再进行合成。尤其要注意人物在背景素材中的比例，可通过场景中的参照物进行比较。

通过对以上案例的讲解，大家可以发现在合成过程中要考虑到很多细节。合成的关键就是真实感，而真实感的塑造需要注意到合成过程中的每一个小细节。只有这样，才能完成一张好的合成作品。

070 唯美的飘纱效果是怎么做出来的

目前非常流行飘纱效果，非常唯美大气。这里就为大家揭秘唯美的飘纱效果是如何制作出来的。

案例：制作唯美的飘纱效果

扫码看视频

• 视频名称：制作唯美的飘纱效果　　• 源文件位置：第12章>070>制作唯美的飘纱效果.psd

飘纱效果主要分为两种，一种是摄影师在拍摄时真实拍摄出来的，另一种是后期合成的。在左下方的这张照片中，人物的大红色的裙摆非常漂亮，但不够夸张，需要在原片的基础上合成飘纱素材，让画面更加唯美。

01 打开需要调整的照片，为照片换一个海面和天空的背景，让画面更具空间感。找一张有水面的天空素材，将天空素材拖曳到照片中。

02 在“天空素材”图层上添加“图层蒙版”，选择“渐变工具”，单击属性栏中的“线性渐变”按钮，设置前景色为黑色，按住Shift键，为照片添加一个渐变的效果，让天空素材与照片自然融合。

03 选择一张红色的飘纱素材，为照片合成飘纱效果。将飘纱素材拖曳到画面中，并将图层重命名为“飘纱”。

04 使用“魔棒工具”将飘纱素材的白色背景选中，然后对选中的背景进行“羽化”处理，设置“羽化半径”为1.5像素，直接按Delete键删掉白色背景。

05 调整飘纱素材的形状。选中飘纱素材，使用快捷键Ctrl+T结合“自由变换”命令，对照片进行“变形”操作。对飘纱素材进行调整，直到得到满意的形状。

06 执行“图像>调整>色相/饱和度”菜单命令，在“色相/饱和度”窗口单击“吸管工具”，然后吸取画面中飘纱素材的颜色，调整“色相”“饱和度”的参数，使飘纱素材的色彩与人物的服装的色彩一致。

07 单独选择飘纱与人物结合的部分，使用快捷键Ctrl+T结合“自由变换”命令，对照片进行“变形”操作，对细节进行调整。

08 在“飘纱”图层上创建“图层蒙版”，使用“画笔工具”擦除图层与人物不融合的部分。

09 合并所有图层，使用快捷键Ctrl+Shift+E，执行“滤镜>液化”菜单命令，在弹出的“液化”面板中设置属性，设置“画笔工具选项”中的“大小”为700，“浓度”为50，“压力”为25。调整飘纱的细节形状轮廓，让飘纱和人物的裙摆部分的褶皱更加飘逸，线条更加流畅。

10 将画面中飘纱的细节部分放大，会发现飘纱的边缘和纹理非常的粗糙。下面就要开始非常重要的环节——“刷纱”。选择“混合器画笔工具”，在属性栏中设置“混合器画笔工具”的参数，“潮湿”为75%，“流量”为50%，然后按住Shift键，吸取飘纱素材的纹理，在“混合器画笔工具”属性栏中的色块就变成了裙摆的纹理了。

11 接下来是漫长的“刷纱”操作，整个过程笔者花了一个小时左右，一定要仔细和耐心。在涂抹的过程中，需要注意纹理的光影变化，沿着光影的方向，从上往下仔细涂抹。同时，注意要随时根据光影的细节调整笔刷的大小，把光影细节涂抹得光滑并且流畅。裙摆的部分涂抹完毕后，继续用同样的方法涂抹飘纱的部分。

12 飘纱的部分涂抹完毕。局部放大观察一下，之前粗糙的边缘和纹理已经完全消失了，变得非常光滑细腻。在涂抹的过程中，需要细腻地勾勒画面中的每一处细节，并且要注意光影的变化。

提示 在“刷纱”时，新手操作起来可能会觉得不太容易，需要反复尝试，找到规律后，才能很好地掌握飘纱效果的制作要领。

13 这样还是没有达到最理想的效果。复制一层“刷纱”图层，并将复制得到的图层命名为“润色”，然后将“润色”图层的混合模式更改为“柔光”。此时，红色的裙摆和飘纱变得更加艳丽有光泽了，不足之处是画面反差效果过强，局部过暗。

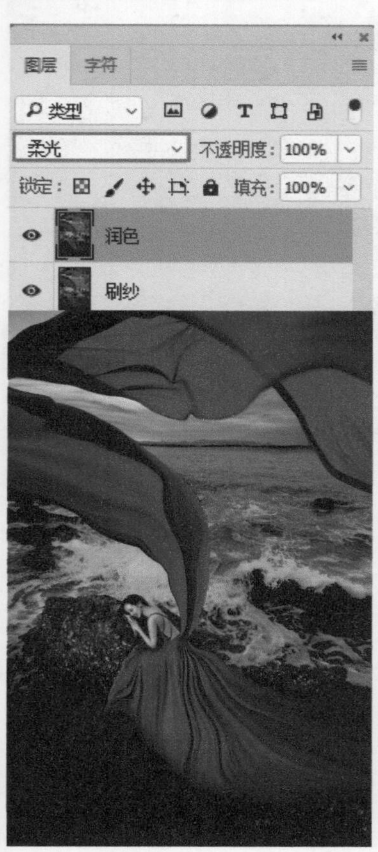

14 在“润色”图层上建立“图层蒙版”，设置前景色为黑色，然后使用“画笔工具”擦除画面中反差过强的部分，这样看起来就好多了。

15 继续完善图片效果。选择上层的图层，然后使用快捷键Ctrl+ Shift+Alt+E创建盖印图层，将盖印图层重命名为“阴影”。选择“加深工具”，在属性栏中设置“范围”为“阴影”，对裙摆和飘纱的纹理中较暗部分进行涂抹，让纹理中的阴影反差更强烈。

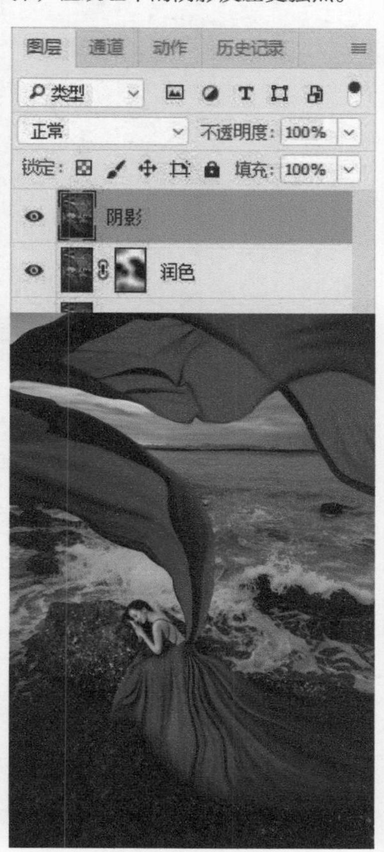

提示 盖印图层的原理就是将处理后的效果盖印到新的图层上，其功能与合并图层差不多，不过比合并图层更好用。盖印图层是生成一个新的图层，不会影响之前的图层。如果觉得处理的效果不太满意，可以删除盖印图层，之前做的效果依然保留。

16 复制一层“阴影”图层，并重命名为“高光”。选择“减淡工具”，在属性栏中设置“范围”为“高光”，对裙摆和飘纱的纹理中较亮部分进行涂抹，让纹理中的高光反差更强烈。通过对飘纱部分的高光和阴影部分再次刻画，飘纱的层次感更加立体了。

17 处理其他色彩细节，完成唯美飘纱效果的制作。整个过程需要耐心地处理，最后看到惊艳的效果，还是非常有成就感的。

至此，本章有关合成的内容讲解完毕。合成是后期处理工作中非常重要和精彩的部分，也是对修图师技术要求比较高的部分。我们除了要熟练使用Photoshop中的工具，更多的是从实际出发，从美术角度出发，在生活中发现美，挖掘美。

第 13 章

13

五花八门的后期处理小妙招

071 如何把浑浊的海水变蓝
072 如何控制好HDR效果
073 如何制作下雨的效果
074 如何去掉图像中的紫边
075 如何将绿色草地变成梦幻的粉色草地
076 如何快速让天空和海水变得更蓝
077 如何处理水面上难看的漂浮物
078 如何制作逼真的人物投影效果
079 如何制作逼真的双重曝光效果
080 如何制作漂亮的烟花字
081 如何制作“千图成像”的效果
082 如何制作逼真的素描效果
083 如何快速制作“拍立得”式的边框效果

071 如何把浑浊的海水变蓝

在修图的过程中，经常会遇到照片中水面颜色很浑浊，导致整个画面非常难看的情况。看下面的例子，这里为大家解答如何将浑浊的海水变蓝的问题。

案例：处理浑浊的海水

扫码看视频

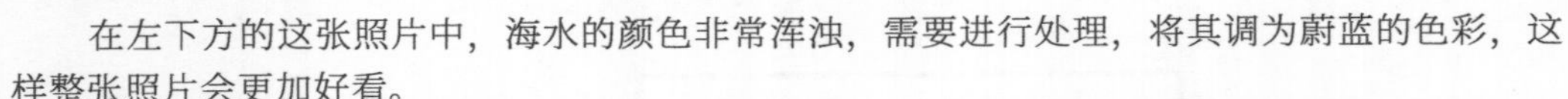
• 视频名称：处理浑浊的海水　• 源文件位置：第13章>071>处理浑浊的海水.psd

在左下方的这张照片中，海水的颜色非常浑浊，需要进行处理，将其调为蔚蓝的色彩，这样整张照片会更加好看。

01 打开需要调整的照片，使用“魔棒工具” 把海面部分选出来，注意游艇和栏杆部分的细节。将选区进行“羽化”处理，设置“羽化半径”为1.5像素，使用快捷键Ctrl+J复制选区并生成新的图层，将新的图层重命名为“海面”。

02 创建新的图层，并重命名为“刷色”，将“刷色”图层的混合模式更改为“叠加”。设置前景色为蓝色，注意不要选择明度太高的蓝色，否则会导致处理后的海水的颜色过于明亮。设置好前景色后，就可以使用“画笔工具” 在画面中的海水部分进行刷色了。

03 第一次涂抹后得到的色彩不一定很理想，可以执行“图像>调整>色彩平衡”菜单命令，在弹出的“色彩平衡”对话框中继续调整海水的颜色，达到我们理想中的海水的颜色。

04 使用快捷键Ctrl+Alt+G将“刷色”图层作为“剪切蒙版”并置于“海面”图层中。这样人物和游艇的颜色就不会受到“海面”图层的色彩影响。

05 完善照片。选择一张海景的素材图片，然后使用“嫁接合成”的方法为照片换天空。将海景素材拖曳到图像中摆好位置，让素材的海天分界线与原图像中的海天分界线重合。接着将图层重命名为“天空”，创建图层蒙版，使用“渐变工具”由下向上拉出渐变，让海景素材与原图像完美融合。

06 为了让画面看起来更加真实，可以为海面制作晚霞倒影的效果。复制“天空”图层，并将复制得到的图层重命名为“倒影”。使用快捷键Ctrl+T对“倒影”进行“垂直翻转”的操作。然后对“倒影”图层的图层蒙版进行调整，使图像自然地融合。

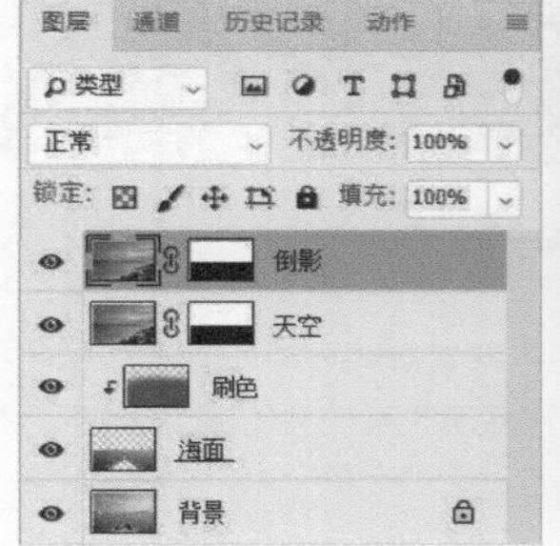

07 将“倒影”图层的混合模式更改为“叠加”。使用“画笔工具” 在“倒影”图层的“图层蒙版”中擦掉海面部分，只保留晚霞部分。

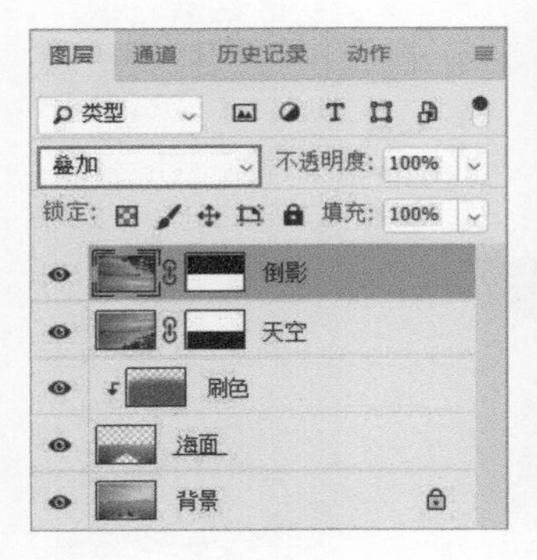

08 最后调整一下整体画面的色彩细节，一张碧海蓝天的海景照片就制作完成了。

提示 此案例重点是运用“叠加刷色”的技巧处理浑浊的海水，相信大家一定会对“叠加刷色”这个方法印象深刻。我们在遇到画面色彩不理想的情况时，都可以运用这个方法。

072 如何控制好HDR效果

HDR是英文High-Dynamic Range的缩写，意思是高动态范围图像。动态范围是指信号最高值和最低值的相对比值。在HDR的帮助下，我们可以使用超出普通范围的颜色值，渲染出更加真实的3D光影效果。简单来说，HDR效果主要的特点是可以让图像中亮的地方更亮，让暗的地方更暗，并且亮暗部的细节都很明显。虽然HDR效果非常酷炫，但是Photoshop的初学者很难控制好HDR效果，因此很难将图像调整成自己满意的效果。接下来就为大家讲解如何设置HDR效果的参数，并让大家轻松掌握HDR的操控技巧。

案例：制作酷炫的3D光影效果

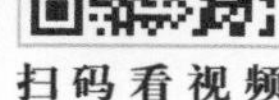
扫码看视频

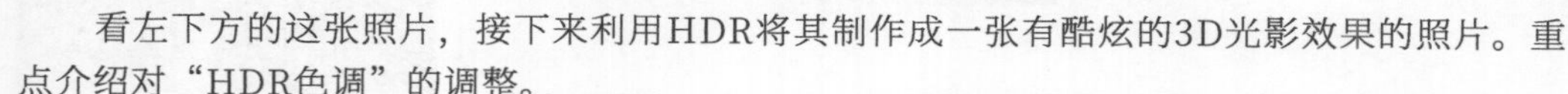
• 视频名称：制作酷炫的3D光影效果　• 源文件位置：第13章>072>制作酷炫的3D光影效果.psd

看左下方的这张照片，接下来利用HDR将其制作成一张有酷炫的3D光影效果的照片。重点介绍对“HDR色调”的调整。

01 打开需要调整的照片，执行“图像>调整>HDR色调”菜单命令，在弹出的“HDR色调”对话框中调整“色调和细节”中的“曝光度”，将“曝光度”的参数调小一些，让照片暗下去。

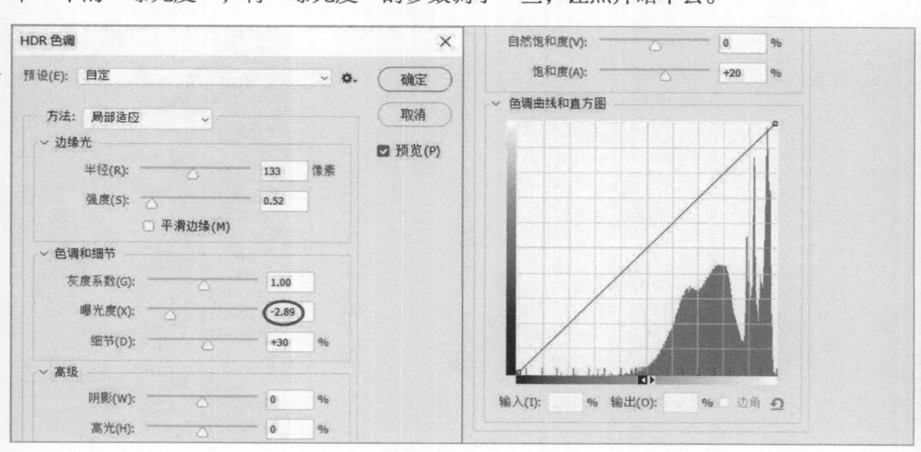

02 调整“色调和细节”中的“灰度系数”。将“曝光度”压下去之后会发现图像显得很暗而且很闷，所以需要让图像中的高光恢复正常。增大“灰度系数”的数值，让图像中的光影显得自然。

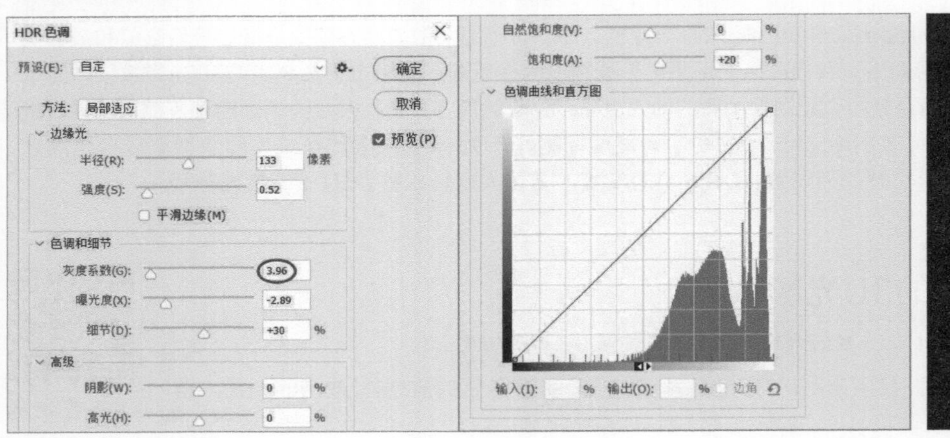

03 调整“色调和细节”中的“细节”。“细节”是“HDR色调”的关键，“细节”的数值越大，3D光影效果就越明显。大家可以根据照片的需要来调整细节的数值大小，不是所有照片都适合把细节参数设置得非常大。

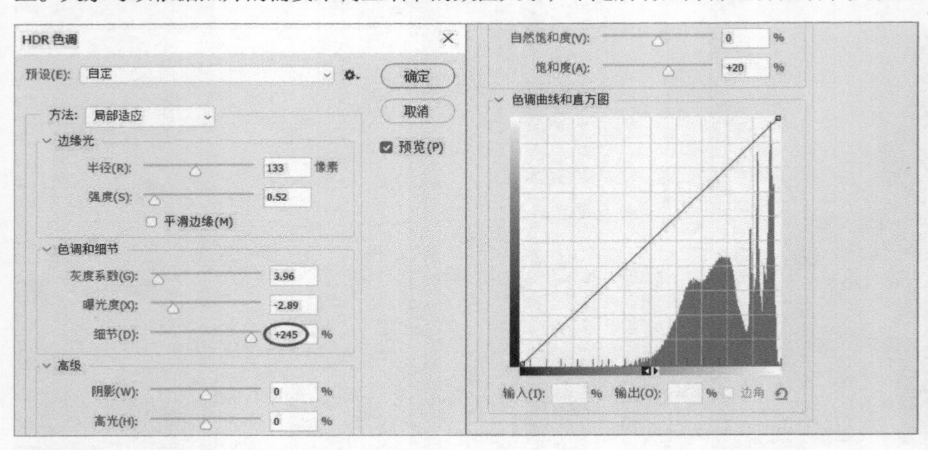

04 调整“边缘光”中的“半径”。在增大“细节”的数值后，有可能会感觉照片中的光影反差比较大，画面有些“硬”。增大“半径”的数值，图像中的光影看起来会相对均匀柔和，尤其是人物皮肤的光影过渡看起来会更自然。但是如果“半径”的数值设置得过大，也会削弱HDR的3D光影效果。

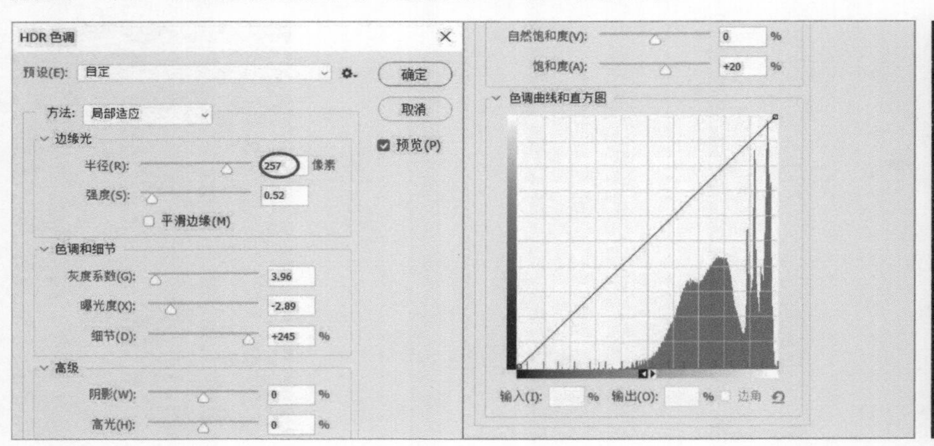

05 调整“边缘光”选项卡中的“强度”。“边缘光”的“强度”越强大，照片中的高光就越明亮，画面中的光影也越立体。“强度”的数值非常重要，不要随意进行大幅度的调整。

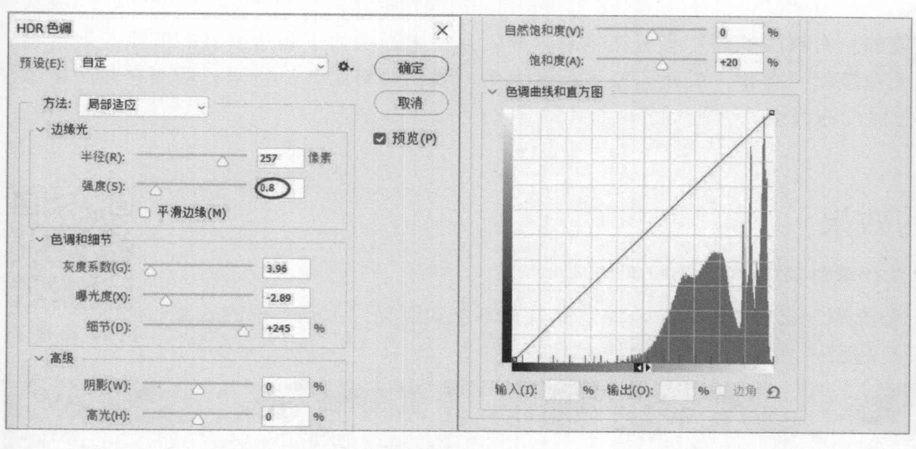

06 调整“高级”选项卡中的“高光”和“阴影”，最后调整一下细节的明暗效果即可，单击“确定”按钮，HDR效果制作完成。

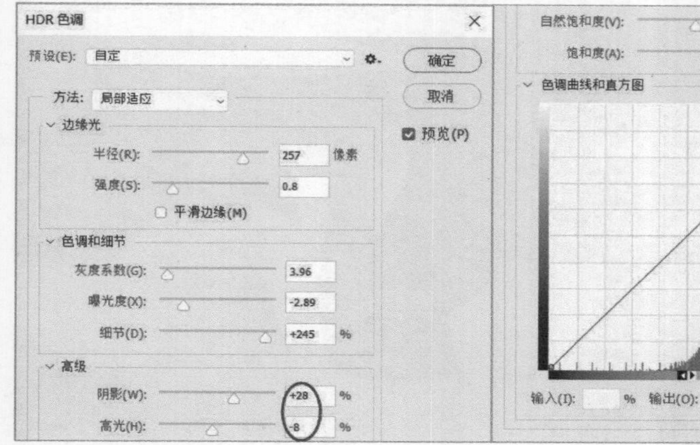

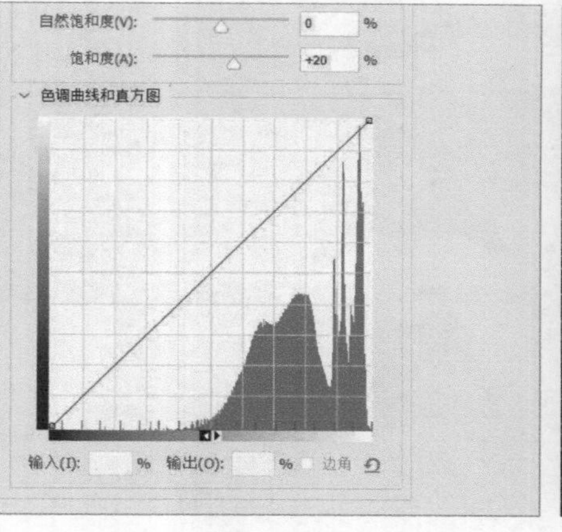

07 最后修饰一下人物的细节。在“历史记录”面板中，将“历史记录”的记录点设置在HDR色调的上一步，然后使用“历史记录画笔工具”对画面不需要HDR色调效果的部分进行涂抹，就可以让图像中的某个部分恢复至原来的效果了。

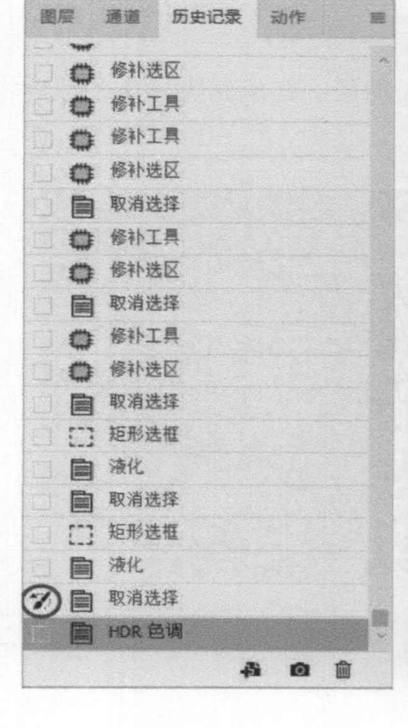

提示 在用“HDR色调”增强画面的质感时，可以先不去考虑细节，如皮肤的光影和质感，以整体的效果为主，否则难以达到理想的画面效果。

073 如何制作下雨的效果

照片的气氛是需要渲染的，有氛围的照片会更加生动。例如，在电影中为了表达浪漫的气氛，就会响起优雅的背景音乐，或是天空飘起了雪花，或是天空下起了大雨。我们在修图时，也可以适当在照片中添加雪花或者雨的素材，烘托照片的气氛。

案例：制作下雨的效果

扫码看视频

• 视频名称：制作下雨的效果　• 源文件位置：第13章>073>制作下雨的效果.psd

在制作下雨的效果时，要选择一张合适的照片。照片的背景不能太明亮，否则下雨的效果不明显，最好选择阴天或夜晚的照片，效果会更加明显。

01 打开需要调整的照片，新建空白图层，并填充为黑色，然后将其重命名为“下雨”。选择“下雨”图层，执行“滤镜>像素化>点状化”菜单命令，在弹出的“点状化”对话框中，设置“单元格大小”为6，单击“确定” 确定 按钮后，黑色的背景中会有很多杂点。

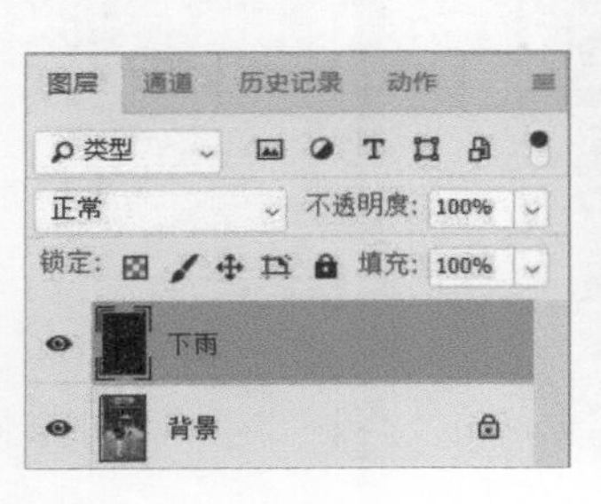

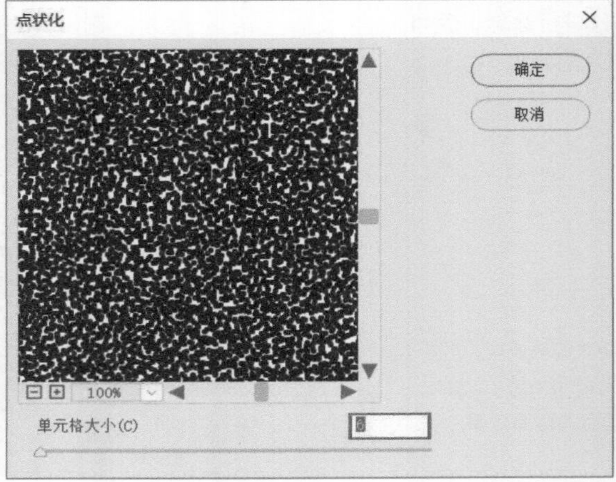

02 执行“图像>调整>阈值”菜单命令，在弹出的“阈值”对话框中，设置“阈值色阶”为140，单击“确定” 按钮后，背景中的杂点变成了白色的点。

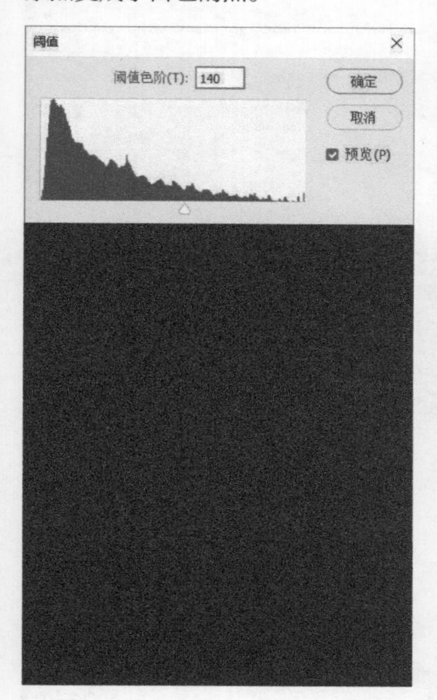

03 执行“滤镜>模糊>动感模糊”菜单命令，在弹出的“动感模糊”对话框中，设置“角度”为-80度，“距离”为40像素，单击“确定” 按钮后，黑色背景中的白色的点就变成了白色的短线。

提示 雨点往往不是垂直的，需要有一定的角度偏移。雨点从空中掉落时并不是清晰可见的，而是运动的，只有考虑到这些现实因素才能把下雨的效果做得更真实。

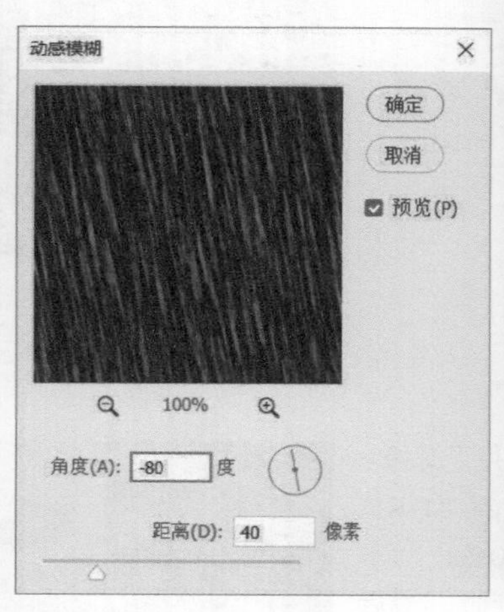

04 将“下雨”图层的混合模式更改为“滤色”，此时黑色消失，下雨的效果基本就制作好了。

05 选择“下雨”图层，执行“图像>调整>色阶”菜单命令，在弹出的“色阶”对话框中调整“输入色阶”的“中间调”和“高光”的滑块，让雨点更加清晰，同时还可以控制雨点的数量。

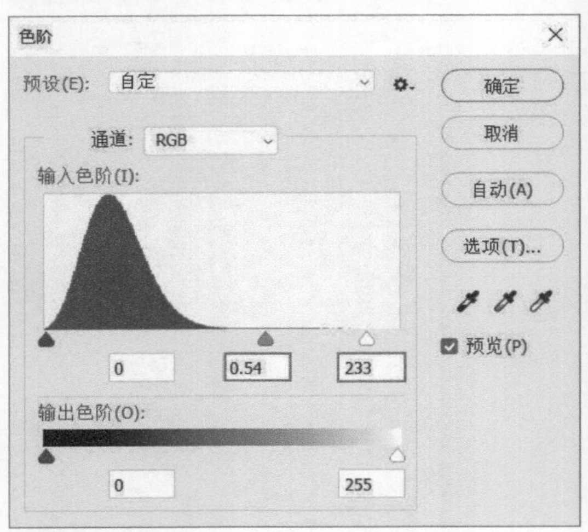

06 如果感觉雨点不够清晰，还可以执行“滤镜>锐化>USM锐化”菜单命令，在弹出的“USM锐化”对话框中，设置“数量”为90%，“半径”为3像素，这样雨点效果会更加清晰。最后调整一下图像整体细节，下雨的效果就制作完成了。

提示　在制作下雨的效果时，核心部分是制作白色的点，然后利用“动感模糊”制作下雨的效果，再用“滤色”的混合模式过滤掉黑色的背景。了解了制作的原理后，操作起来就非常简单了。

074 如何去掉图像中的紫边

数码相机在拍摄的过程中，由于被摄物体反差较大，在照片上亮部与暗部的交界处会出现色散现象，沿交界处会出现一道紫色的边（多数情况下是紫色，有时也可能是其他颜色）。这种现象出现的原因还与镜头控制色散的能力、图像感应器面积（像素密度越大越容易色散）和相机内部的处理器算法等硬件性能有关。

案例：去掉图像中的紫边

扫码看视频

• 视频名称：去掉图像中的紫边　　• 源文件位置：第13章>074>去掉图像中的紫边.psd

将左下方的这张照片放大来看，可以看到人物的边缘有很严重的紫边，很影响画面效果，需要将其进行处理。

Before

After

01 新建一个空白图层，将图层的混合模式更改为“颜色”。用“吸管工具”吸取要去除的紫边附近的颜色，如要去掉男士头部的紫边，那就吸取紫边附近头发的颜色。

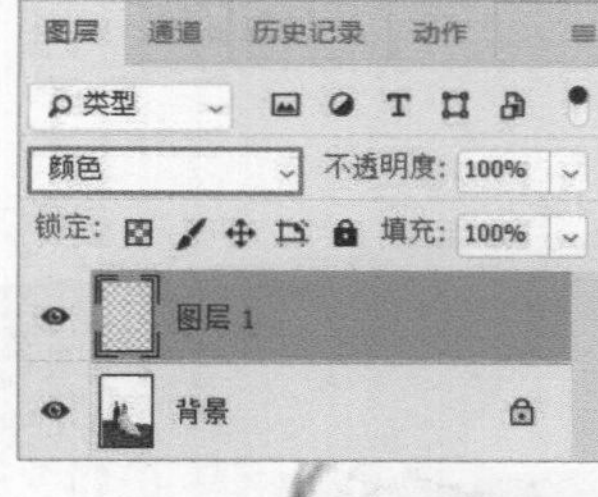

02 使用“画笔工具”涂抹“颜色”图层上的紫边，这样紫边就消失不见了。

03 去除皮肤边缘的紫边，同样用“吸管工具” 吸取紫边附近皮肤的颜色，然后用“画笔工具” 涂抹紫边，这样皮肤的紫边也被去除了，效果同样非常自然。

04 用同样的方法去除其他部分的紫边效果，这样整张照片的紫边就被自然地去掉了。

075 如何将绿色草地变成梦幻的粉色草地

目前比较流行粉色草地和粉色沙滩等效果，接下来就教大家如何制作梦幻的粉色草地效果。通过对内容的学习，大家就可以知道粉色效果制作的奥秘。

案例：将绿色草地变成梦幻的粉色草地

扫码看视频

• 视频名称：将绿色草地变成梦幻的粉色草地　• 源文件位置：第13章>075>将绿色草地变成梦幻的粉色草地.psd

在左下方的这张照片的背景是绿色的草地，下面我们试试将绿色的草地变成粉色的草地会是什么样的效果。

01 打开需要调整的照片，复制“背景”图层，并将复制得到的图层重命名为“通道”。在“通道”面板中单击“绿”通道，然后复制“绿”通道，接着单击“蓝”通道，并将“绿”通道粘贴到“蓝”通道中。

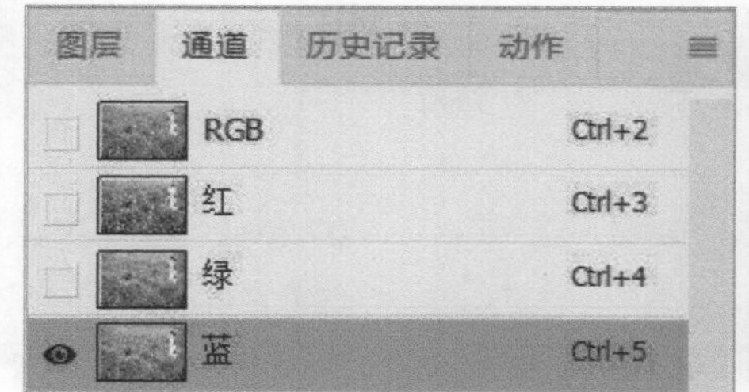

02 显示“RGB”通道，回到“图层”面板，此时，可以看到图像的色彩变得很奇怪。原因是“蓝”通道被“绿”通道覆盖掉了，画面中的部分色彩缺失。新建空白图层，将图层重命名为“粉色草地”，设置图层的混合模式为“颜色”，前景色为粉色，然后填充前景色，接着执行“图像>调整>色彩平衡”菜单命令，在弹出的“色彩平衡”对话框中调整“粉色草地”的色彩。

03 下面想办法把人物从粉色的环境中提取出来。隐藏“粉色草地”图层和“通道”图层，选择“背景”图层，在“背景”图层上运行抠图软件Topaz ReMask，在弹出的“Topaz ReMask”对话框中使用“边缘部分笔刷”勾勒出人物的边缘。

04 在“Topaz ReMask”对话框中单击“去掉部分填充”按钮，再单击画面中需要抠除的人物部分，此时抠除的部分会变成红色。

05 单击“COMPUTE MASK”按钮，然后单击“KEEP”按钮，预览一下抠图效果。完成抠图后，在“图层”面板中找到抠好的人物图层，将图层重命名为“人物”，然后复制“人物”图层得到“人物2”图层。按住Ctrl键，单击“人物”图层，此时人物的边缘会生成选区，然后选择“人物2”图层，并单击“图层”面板下方的“添加图层蒙版”按钮，接着删除“人物”图层，并将“人物2”图层拖曳到最上层，再显示“粉色草地”图层和“通道”图层。

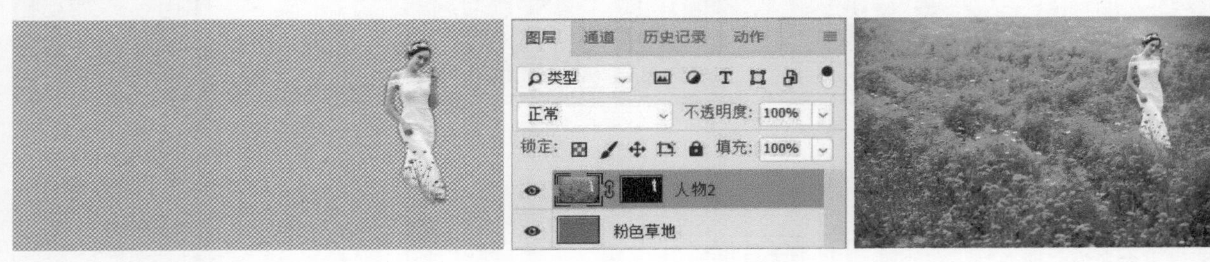

06 涂抹“人物2”的“图层蒙版”中的人物裙子上的花草，然后调整一下人物的色调，使其尽量与场景的色调融合。

07 添加“盖印”图层，将图层重命名为“盖印”，更改图层的混合模式为“柔光”。在“盖印”图层上执行“滤镜>模糊>高斯模糊”菜单命令，在弹出的“高斯模糊”对话框中，设置“半径”为50像素。调整一下其他细节，梦幻的粉色草地效果就制作完成了。

076 如何快速让天空和海水变得更蓝

在日常修图工作中，经常会碰到这样的问题：天空或者海水的蓝色太淡了，达不到我们想要的效果。接下来就教大家如何快速把画面中的天空和海水变得更蓝。

案例：快速让天空和海水变得更蓝

扫码看视频

• 视频名称：快速让天空和海水变得更蓝　• 源文件位置：第13章>076>快速让天空和海水变得更蓝.psd

找一张背景天空和海水颜色都不够蓝的照片，现在需要把天空和海水的颜色调得更加清爽、湛蓝。笔者的思路是先把需要加蓝的部分选出来，然后针对性地调整需要加蓝的地方。

01 打开需要调整的照片，执行“选择>色彩范围”菜单命令，在弹出的“色彩范围”对话框中，设置“颜色容差”为40，用“添加到取样”工具选择画面中天空与海水的部分（选中的部分为白色，未选中的部分为黑色），设置完毕后，单击“确定”按钮，此时天空与海水部分就会生成选区。

02 对选区进行“羽化”处理，设置“羽化半径”为40像素，单击“确定”按钮。使用快捷键Ctrl+J复制选区，在“图层”面板中生成新的图层，并将其重命名为“蓝色区域”。下面只需要将“蓝色区域”图层调蓝就可以了。

03 选择“蓝色区域”图层，执行“图像>调整>色阶”菜单命令，在弹出的“色阶”对话框中，设置“通道”为RGB，“输入色阶”的数值分别为0、0.80和255，将蓝色区域压暗。设置“通道”为“蓝”，“输入色阶”的数值分别为0、1.95和255，增加中间调的蓝色。

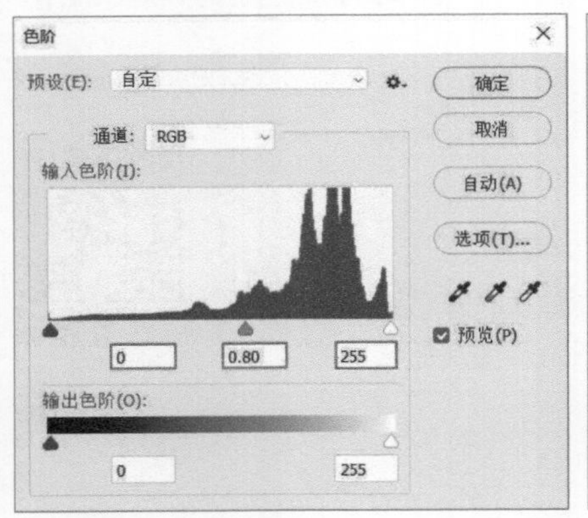

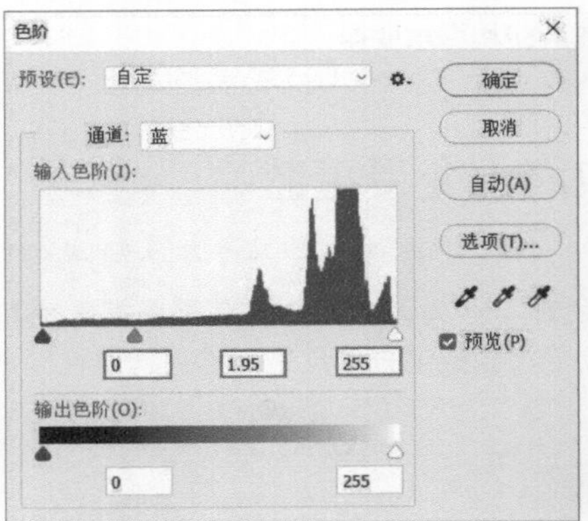

04 选择“蓝色区域”图层，执行“图像>调整>可选颜色”菜单命令，在弹出的“可选颜色”对话框中，设置“颜色”为“青色”，“青色”为+28%，“黄色”为-48%，“黑色”为+20%。设置“颜色”为“蓝色”，“青色”为+23%，“洋红”为+10%，“黄色”为-43%，“黑色”为+30%。

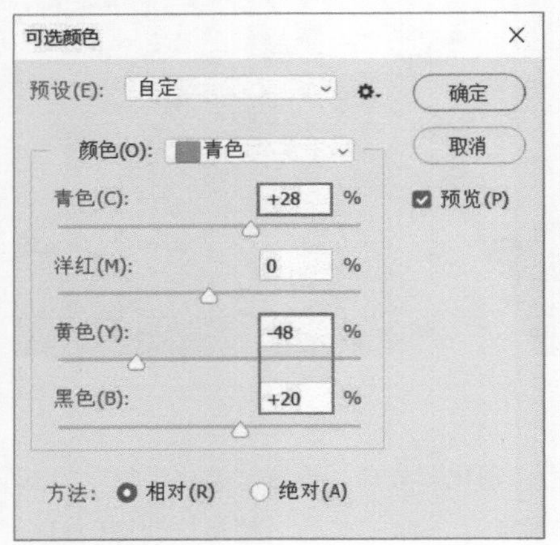

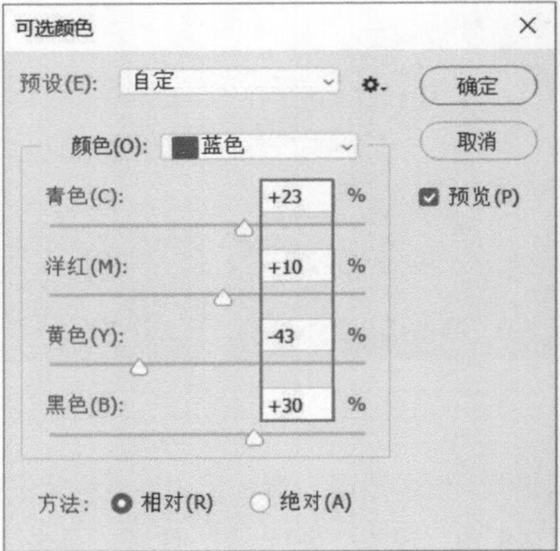

05 选择“蓝色区域”图层，执行“图像>调整>色彩平衡”菜单命令，在弹出的“色彩平衡”对话框中，将“色阶”的数值分别设置为-15、0和+27，再次在“蓝色区域”图层中加青色和蓝色。这样，就能让天空和海水部分变得更加蓝了。

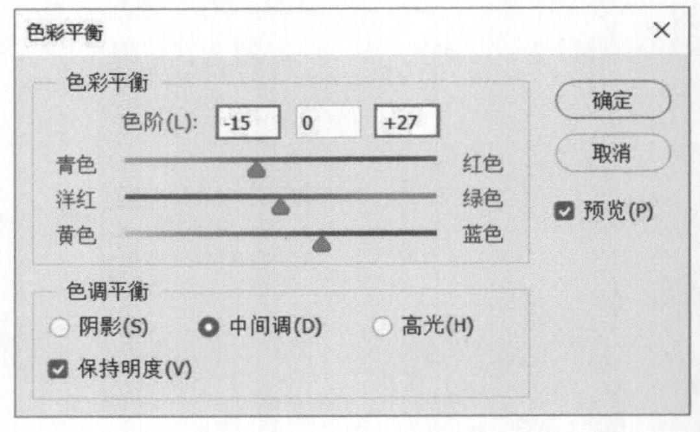

以上讲解的把天空和海水加蓝的方法适用于任何需要增加蓝色的照片，操作的步骤完全一样。我们可以把整个步骤设置成一个“动作”，下次遇到类似的情况只需要调出“动作”命令即可。

077 如何处理水面上难看的漂浮物

我们在处理有水面的场景照片时，经常会遇到水面上有漂浮物的情况。如果漂浮物不多，可以使用“修补工具” 或“污点修复画笔工具” 进行处理。如果出现大面积漂浮物时则很难处理。这里就为大家解决如何快速处理水面上难看的漂浮物的问题。

案例：处理水面上难看的漂浮物

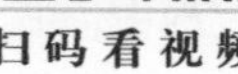

• 视频名称：处理水面上难看的漂浮物　• 源文件位置：第13章>077>处理水面上难看的漂浮物.psd

左下方的这张照片中，水面上的漂浮物很影响画面的美感，需要将其处理掉。那么有什么方法可以快速去掉水面上的漂浮物，而又不影响水面的色彩和光影呢？看下面的操作。

01 打开需要调整的照片，复制“背景”图层，并将复制得到的图层重命名为“水面”。执行“滤镜>杂色>蒙尘与划痕”菜单命令。在弹出的“蒙尘与划痕”对话框中，设置“半径”为51像素，“阈值”为2色阶。观察图像中水面的效果，难看的漂浮物基本就消失不见了。

提示 在使用“蒙尘与划痕”滤镜时，尽量不要将数值设置得过大，否则会损失水面的细节。

02 在“水面”图层上添加“图层蒙版”，使用快捷键Ctrl+I对蒙版进行“反相”操作，设置前景颜色为白色，使用“画笔工具” 慢慢恢复水面上的“蒙尘与划痕”效果。

03 使用“修补工具” 将剩余的漂浮物痕迹处理掉，图片处理完成。

078 如何制作逼真的人物投影效果

在对人物抠图进行合成的时候，除了要注意透视关系、光影环境和大小比例，还有一个非常重要的细节——投影。接下来为大家讲解如何制作真实的人物投影效果。

案例：制作逼真的人物投影效果

扫码看视频

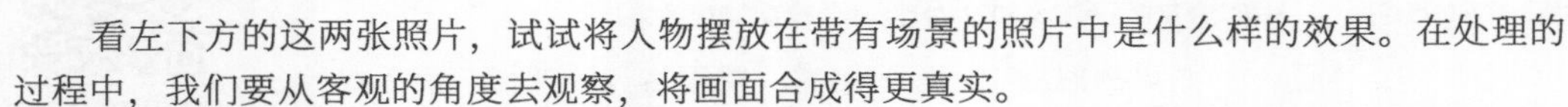
• 视频名称：制作逼真的人物投影效果　• 源文件位置：第13章>078>制作逼真的人物投影效果.psd

看左下方的这两张照片，试试将人物摆放在带有场景的照片中是什么样的效果。在处理的过程中，我们要从客观的角度去观察，将画面合成得更真实。

01 打开背景图片，将抠掉背景的人物拖曳到“背景”图层上，将人物图层命名为“人物”，调整好人物在画面中的位置和大小比例。

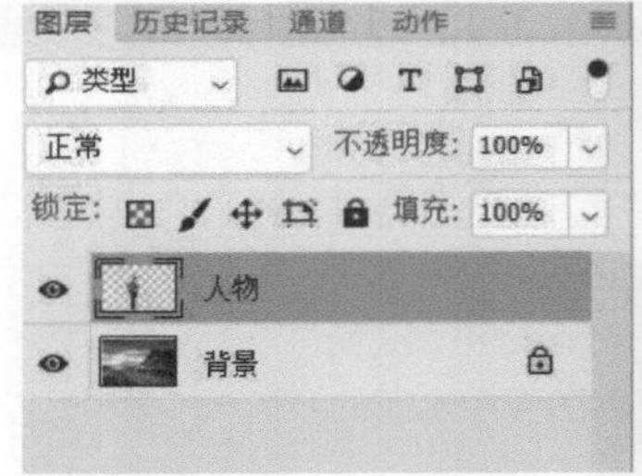

02 在“图层”面板下方单击“添加图层样式” fx 按钮，在弹出的菜单中选择“投影”，在“图层样式”对话框中会发现“投影”选项已被勾选，在此对话框中可设置投影的“距离”“扩展”“大小”这3个参数，让人物的投影更加真实自然。

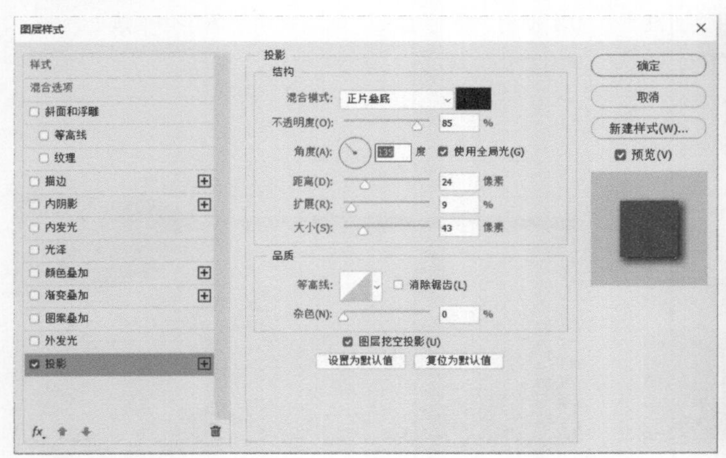

03 接下来需要将调整好的人物投影与人物进行分离。在“图层”面板中，可以看到“人物”图层的后面有了“添加图层样式”fx的标记。单击“人物”图层后面的“添加图层样式”fx的标记，在弹出的菜单中选择“创建图层”，随后弹出警告对话框，单击“确定” 确定 按钮即可。此时，人物和投影被拆分成了两个独立的图层，我们可以任意对这两个图层进行编辑。

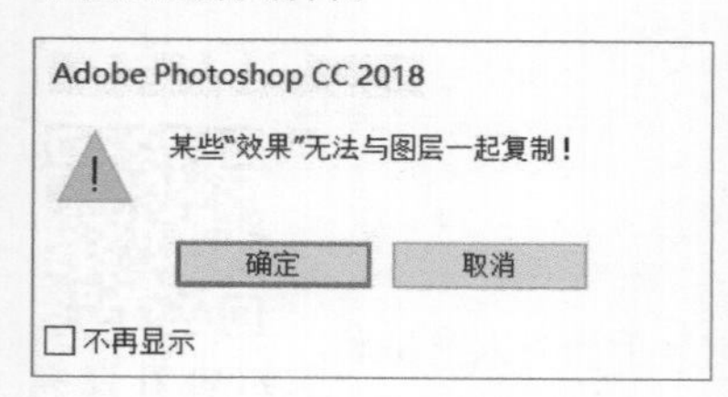

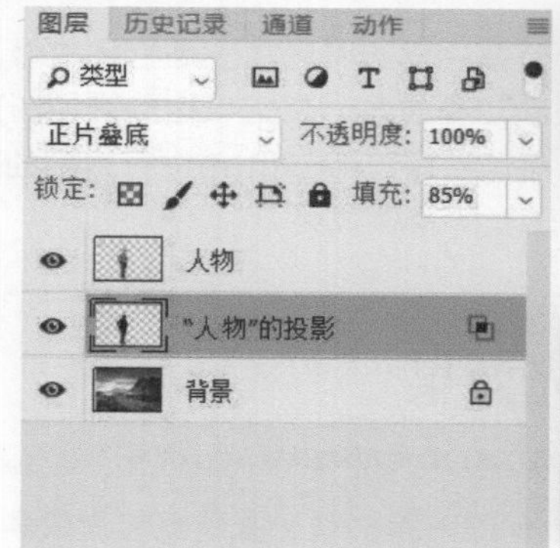

04 对人物投影图层进行编辑。使用快捷键Ctrl+T结合“扭曲”命令，将选框上方的锚点拖曳到地面位置。用同样的方法，调节选框上其他位置的锚点，让投影的位置更加真实。

05 适当降低人物投影图层的“填充”，让投影浓度更加接近场景中其他物体的浓度。执行“图像>调整>色彩平衡”菜单命令，调整投影的颜色，这样人物的投影看起来就更加真实了。

079 如何制作逼真的双重曝光效果

双重曝光是一种特殊的摄影技法，是指在同一张底片上进行多次曝光。早在胶片时代，就有不少摄影师通过双重曝光的方式将两张甚至多张底片叠加在一起，以达到增加图片虚幻效果的目的。进入数码时代后，实现双重曝光效果就更加简单了，而且通过Photoshop进行后期的双重曝光更为方便直观，可以不受任何限制，随心所欲地制作出各种双重曝光的特殊效果。

案例：制作逼真的双重曝光效果

• 视频名称：制作逼真的双重曝光效果 • 源文件位置：第13章>079>制作逼真的双重曝光效果.psd

准备一张抠掉背景的人物图片、一张夕阳的素材和一张建筑的夜景素材。下面为大家讲解如何制作逼真的双重曝光效果。

01 打开准备好的夕阳素材，然后将抠掉背景的人物图片拖曳到“背景”图层中，将图层重命名为“人物”，并调整人物在图层中的位置和大小。

02 将准备好的夜景建筑素材拖曳到夕阳素材中，然后将图层重命名为“夜景”，再将“夜景”图层的混合模式更改为“滤色”，接着调整素材的位置，尽量不要让建筑上复杂的纹理与人物面部重叠。

03 选择“人物”图层的“图层蒙版”，按住Ctrl键，单击“人物”图层的“图层蒙版”，将人物的边缘生成选区。

04 选择“夜景”图层，单击“图层”面板下方的“添加蒙版”按钮，此时夜景素材除了与人物重合的部分，其他部分都被图层蒙版遮住，双重曝光效果基本就制作完成了。

05 单击“图层”面板下方的“创建新的填充或调整图层”按钮，在弹出的菜单中选择“曲线”命令，在弹出的“属性”面板中增加画面的反差效果，增强整体画面的层次感。

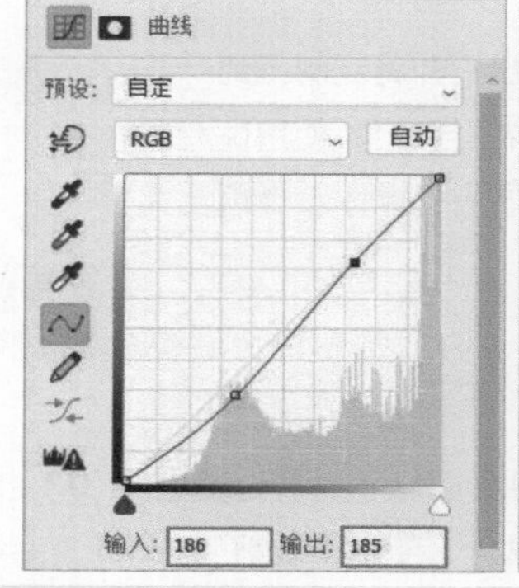

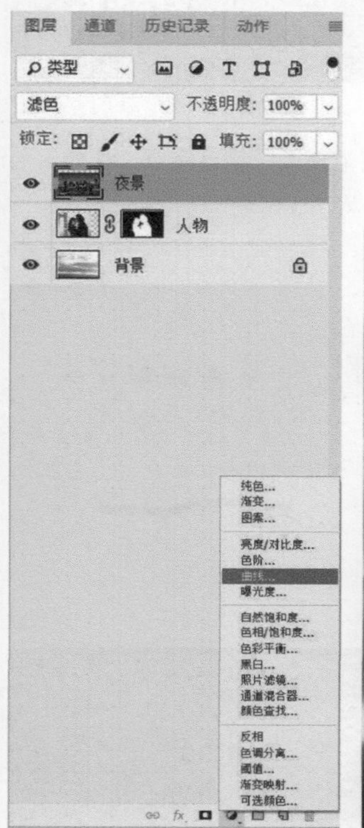

080 如何制作漂亮的烟花字

在对夜景照片进行后期处理时，少不了添加星空和烟花的效果。这里将为大家演示如何制作烟花字，大家可以根据具体需要把图案或文字制作成烟花的效果。

案例：制作漂亮的烟花字

扫码看视频

• 视频名称：制作漂亮的烟花字　　• 源文件位置：第13章>080>制作漂亮的烟花字.psd

在制作烟花字之前，需要找一张烟花素材，用来制作烟花的画笔，还要找一张场景素材，用来放置烟花字。下面我们看看如何制作烟花字。

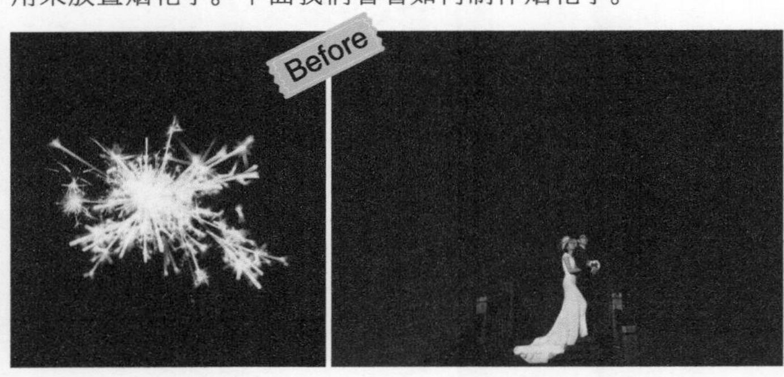

01 打开烟花素材，复制“背景”图层，并将复制得到的图层重命名为“画笔”。选择“烟花”图层，使用快捷键Ctrl+Shift+U对烟花进行“去色”的操作，将黄色的烟花变成白色的烟花。

02 使用快捷键Ctrl+I对“烟花”图层进行“反相”处理，把背景变成白色，将烟花变成黑色。使用“裁剪工具”，设置裁剪比例为“1：1（方形）”，将烟花保持在画面中间的位置。

03 执行“编辑>定义画笔预设”菜单命令，在弹出的“画笔名称”对话框中将新画笔命名为“烟花”。选择“画笔工具”，在工具选项栏中可以查看“画笔预设”的效果是刚刚制作的烟花画笔。

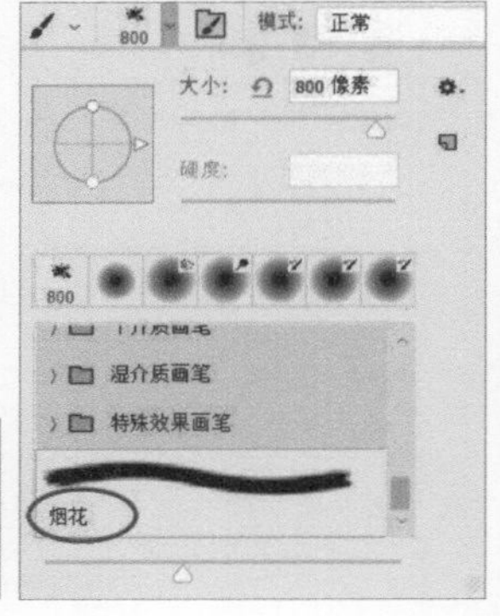

04 将之前制作好的文字素材拖曳到夜景照片中，将图层重命名为“文字”。按住Ctrl键，单击“文字”图层，将文字转换成选区，然后按Delete键删掉文字内容，现在就只剩下选区了。

05 单击“路径”面板下方的“从选区生成工作路径”按钮，选区就会变成带有锚点的路径。

06 单击“画笔工具”工具选项栏中的“画笔设置”按钮，打开“画笔设置”面板。在“画笔设置”面板中，勾选“形状动态”选项，设置“大小抖动”为100%，“角度抖动”为100%。勾选“传递”选项，设置“不透明度抖动”为100%。选择“画笔笔尖形状”选项，选择800号画笔，设置“间距”为40%。

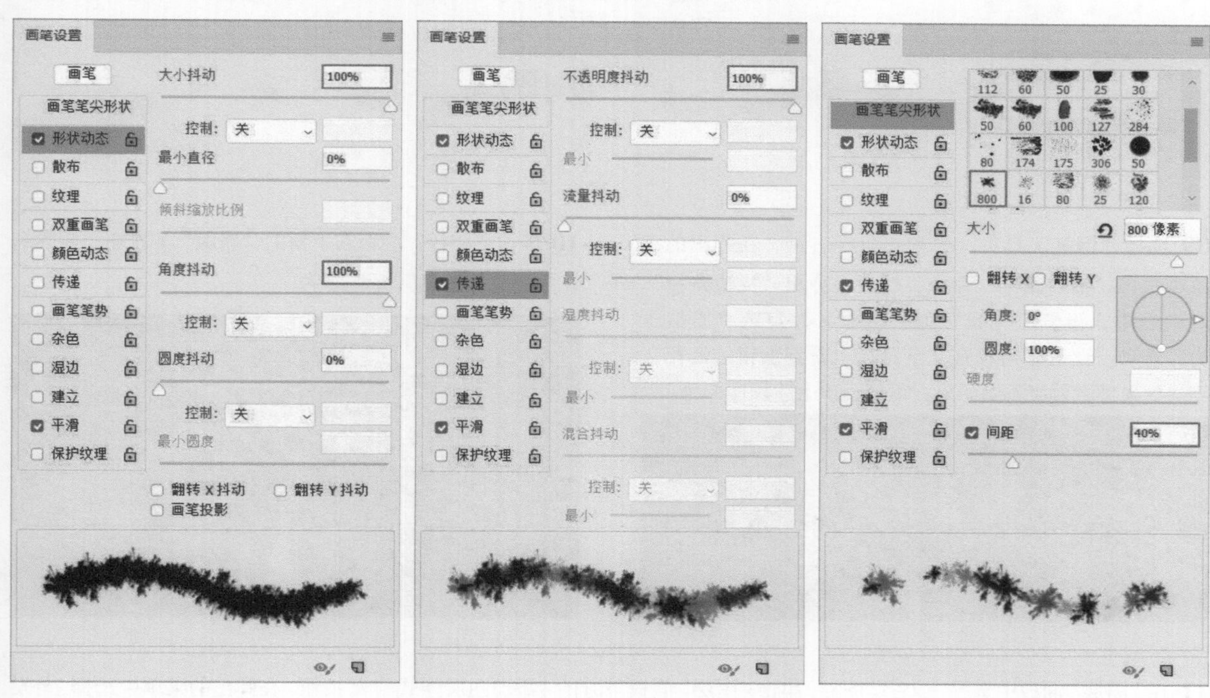

07 选择“钢笔工具”，单击鼠标右键，在弹出的菜单中选择“描边路径”命令，然后在弹出的“描边路径”对话框中，设置“工具”为“画笔”，勾选“模拟压力”选项。此时就可以在文字路径上看到烟花文字的大体形状了。

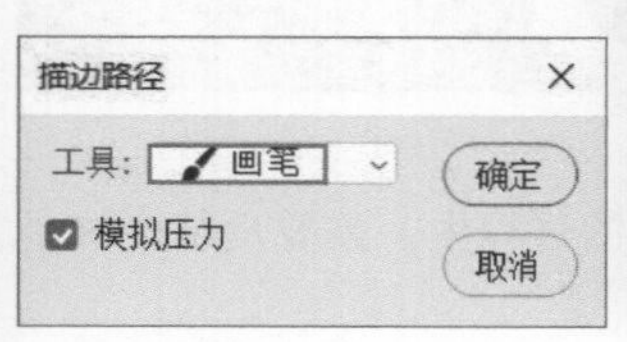

08 选择“画笔工具” ，在“画笔预设”面板中选择“柔边圆”画笔。同样，在“画笔设置”面板中，勾选“形状动态”选项，设置“大小抖动”为100%。勾选“传递”选项，设置“不透明度抖动”为100%。选择“画笔笔尖形状”选项，选择30号画笔，设置“间距”为60%。

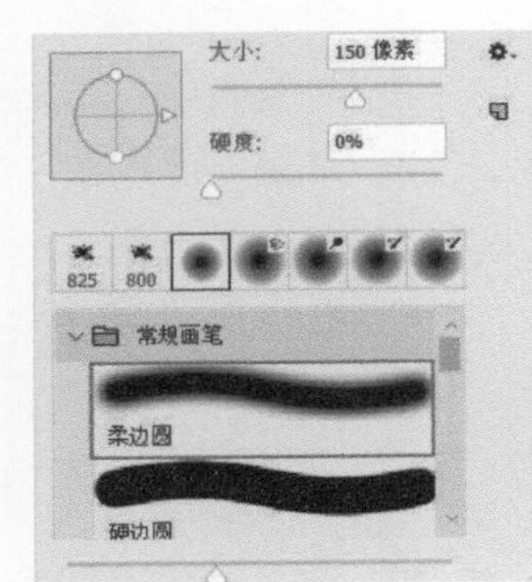

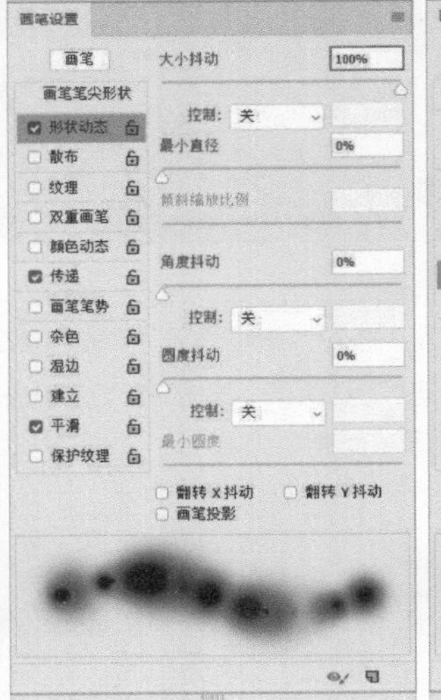

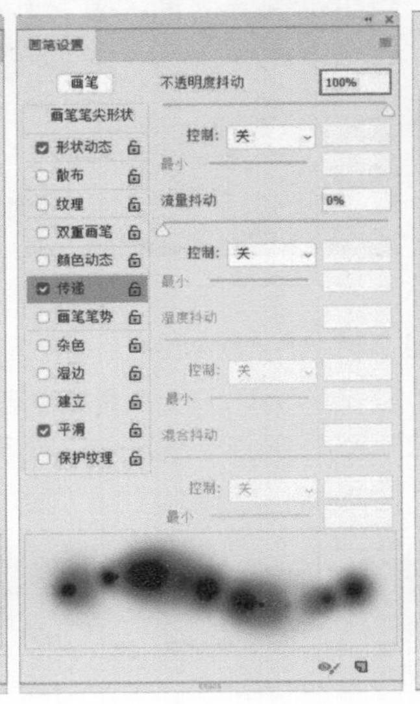

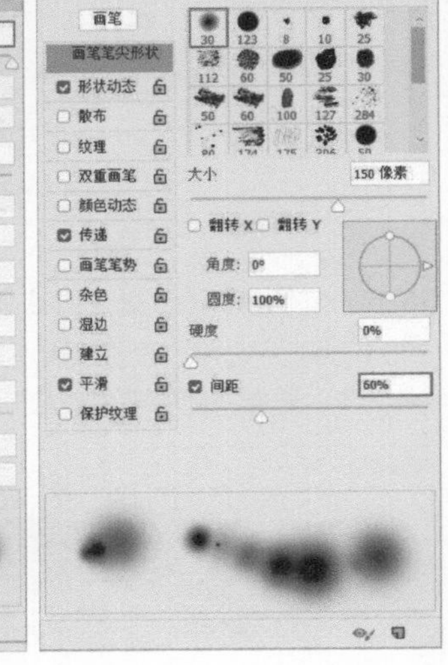

09 选择“钢笔工具” ，单击鼠标右键，在弹出的菜单中选择“描边路径”命令，然后在弹出“描边路径”对话框中，设置“工具”为“画笔”，勾选“模拟压力”选项。此时就可以在文字路径上看到加粗的烟花文字。如果感觉效果不够明显，重复一次上述操作即可。

10 单击“路径”面板右下角的“删除” 按钮，删除烟花字的路径，只保留烟花字。

11 在“图层”面板中选择“文字”图层，单击“图层”面板下方的“添加图层样式” 按钮，在弹出的菜单中选择“外发光”命令，然后在弹出的“图层样式”对话框中，设置“外发光”的“不透明度”为75%，颜色为橙色或黄色等接近烟花的颜色，设置完毕后，单击“确定” 按钮，烟花字效果就制作完成了。

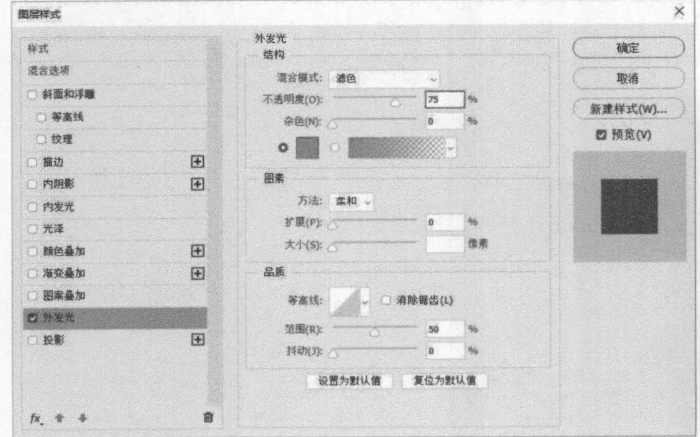

在制作烟花字的时候，关键在于对烟花画笔的制作和设置。大家在实际操作的过程中，需要反复尝试，才可以制作出好看的烟花效果。

081 如何制作“千图成像”的效果

所谓的“千图成像”就是由密密麻麻的小图片组成一幅全新的图像，也称为“马赛克拼图”，极具视觉效果，非常酷炫。这里就为大家演示“千图成像”的制作方法。

案例：制作“千图成像”的效果

扫码看视频

• 视频名称：制作“千图成像”的效果　• 源文件位置：第13章>081>制作“千图成像”的效果.psd

在制作“千图成像”效果之前，需要将所有照片存在一个文件夹中。同时要保证所选择照片的横竖比例是相同的，否则排列起来会出现不规则的情况，影响最终的效果。

01 使用看图软件对照片进行批量处理，更改照片的尺寸，设置照片的“宽度”为75像素，并选择“锁定比例”（一般看图软件都具备批量更改照片尺寸的功能）。

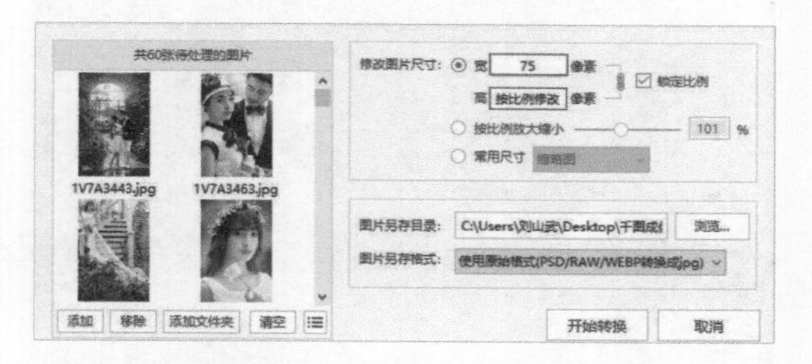

> **提示** 在使用“联系表”功能排列照片时，照片越多，软件的运行速度就越慢。所以如果在排列多张照片时，最好对照片进行压缩处理，防止内存不足计算机出现卡顿现象。

02 将这些照片进行排列，执行“文件>自动>联系表”菜单命令，弹出“联系表”对话框。在“源图像”设置栏中选择文件夹的位置；在“文档”设置栏中设置文档的大小，设置“单位”为“像素”，“宽度”为350像素，“高度”为300像素，“分辨率”为300像素/厘米。在“缩略图”设置栏中设置“列数”为10，“行数”为6，单击“确定” 确定 按钮，照片开始排列。

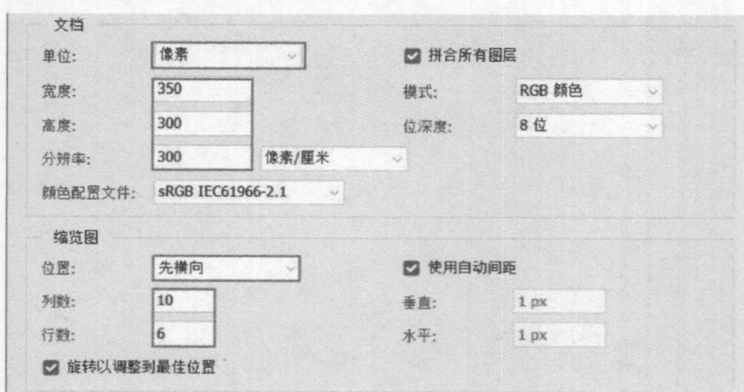

03 新建空白文档，将排列好的缩略图拖曳到新建文档中，将图层重命名为“排列”。在文档中排布缩略图，按住Shift键复制并拖曳缩略图，自动保持水平移动，将缩略图横向布满文档后，创建图层组，将图层组重命名组“组1”。

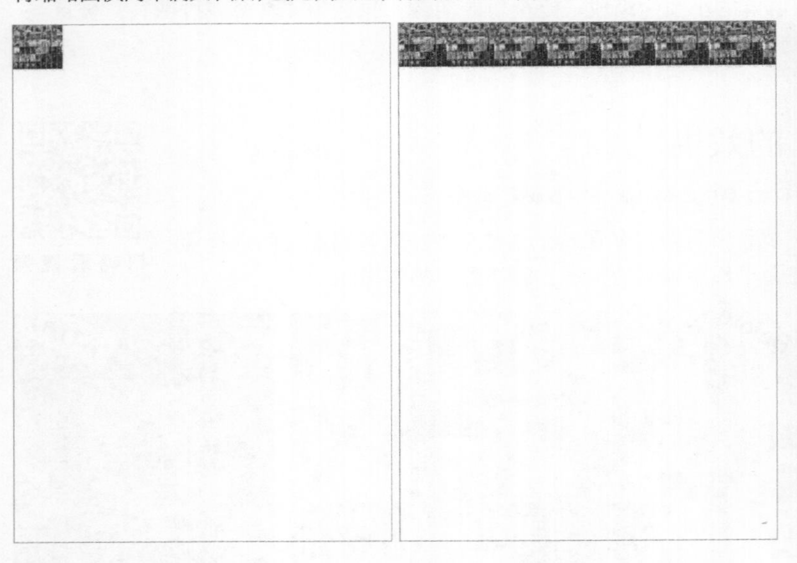

04 复制“组1”，按住Shift键向下移动。用同样的方式，使图层组布满整个画布。

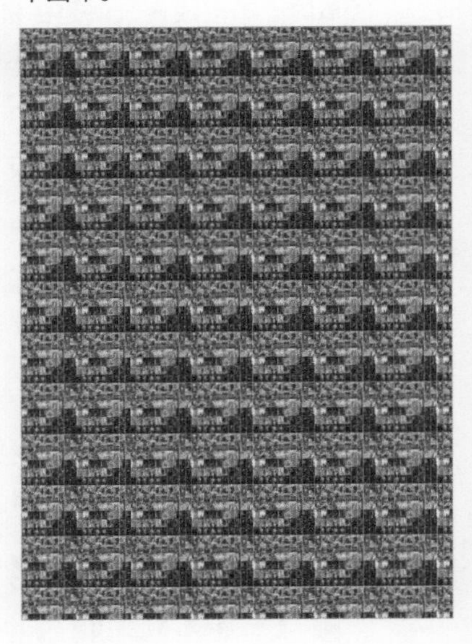

05 找一张人物头部特写的照片，用来制作“千图成像”的成像画面。执行“滤镜>像素化>马赛克”菜单命令，在弹出的“马赛克”对话框中，设置马赛克的“单元格大小”为100。将制作好的千图排列图像拖曳到人物图像中，将图层重命名为“千图”，设置图层的混合模式为“柔光”。对其他细节进行调整，完成操作。

082 如何制作逼真的素描效果

相信大家对素描效果的照片并不陌生，这里为大家解答如何把素描效果做得更加真实的问题。方法大体与前面内容中制作工笔画风格照片的方法相似，都是使用滤镜和图层叠加的方式进行操作。

案例：制作逼真的素描效果

• 视频名称：制作逼真的素描效果　• 源文件位置：第13章>082>制作逼真的素描效果.psd

扫码看视频

在选择照片的时候，尽量选择穿深色衣服的人物照片，否则处理之后会看不到衣服的细节。左下方的图中，人物的衣服颜色很深，适合将其处理为素描效果。

01 打开需要调整的照片，复制“背景”图层，并将复制得到的图层重命名为“黑白”，然后使用快捷键Ctrl+Shift+U进行去色处理。

02 复制“黑白”图层，并将复制得到的图层重命名为“反向”，使用快捷键Ctrl+I将图像进行反相处理，将图层的混合模式更改为“颜色减淡”。执行“滤镜>其他>最小值”菜单命令，在弹出的“最小值”对话框中，设置“半径”为2像素。

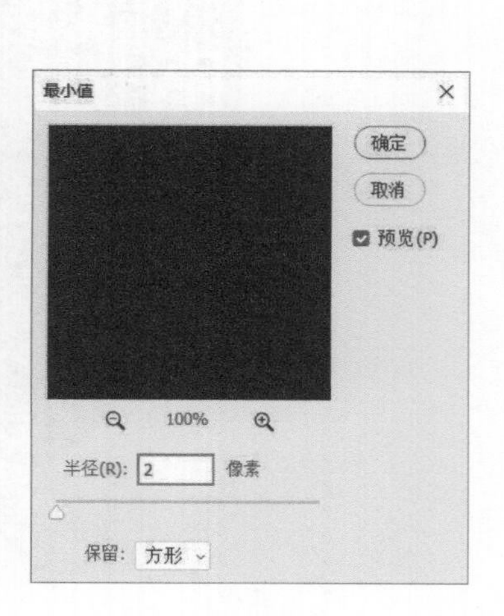

03 执行“滤镜>杂色>添加杂色”菜单命令，在弹出的“添加杂色”对话框中，设置“数量”为40%，勾选“高斯分布”和“单色”选项。

04 执行“滤镜>模糊>动感模糊”菜单命令，在弹出的“动感模糊”对话框中，设置“角度”为55度，“距离”为29像素。此时将颗粒处理成铅笔的笔触，看起来会更加真实。

05 选择一张素描纸纹理效果的素材，将其拖曳到画面中，并将图层重命名为“素描纸”。将图层的混合模式更改为“正片叠底”。最后观察一下效果，再进行细微调整，素描的效果就制作完成了。

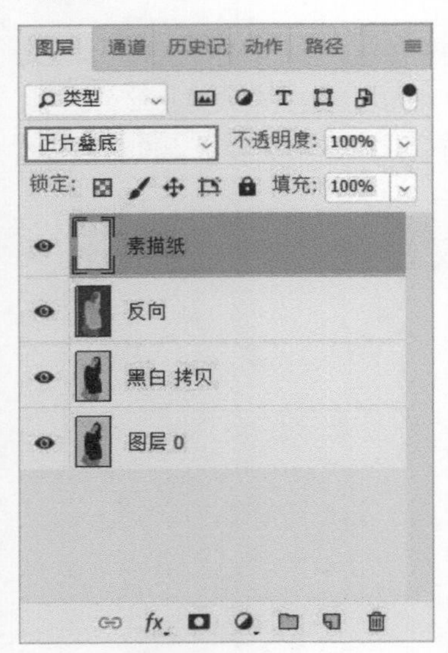

在制作素描效果时，要抓住素描画的特点，主要包括明暗的控制和笔触的效果。只要将这些细节表现出来，就可以把素描效果做得非常真实了。

083 如何快速制作“拍立得”式的边框效果

很多朋友都用过一次成像相机，这种相机非常有趣，只要按下快门，立刻就能得到冲印出来的照片。这种相机使用起来方便快捷，照片精致小巧，因此深受年轻人的喜欢。其特有的白色边框更是具有浓郁的文艺气息。接下来为大家解答如何快速制作“拍立得”式的边框效果的问题。

案例：快速制作“拍立得”式的边框效果

- 视频名称：快速制作“拍立得”式的边框效果
- 源文件位置：第13章>083>快速制作“拍立得”式的边框效果.psd

在制作“拍立得”式的边框效果的时候，最好选择半身的照片或特写的照片进行制作。因为在使用一次成像相机拍照时，我们也都是习惯拍摄大头照，所以感觉会更加真实。

01 打开一张需要调整的照片，执行“图像>画布大小”菜单命令，在“画布大小”对话框中，勾选“相对”选项，设置“宽度”为5厘米，“高度”为5厘米，设置完毕后，单击“确定” 确定 按钮，这样就为图像的四周同时扩展了5厘米的白边。

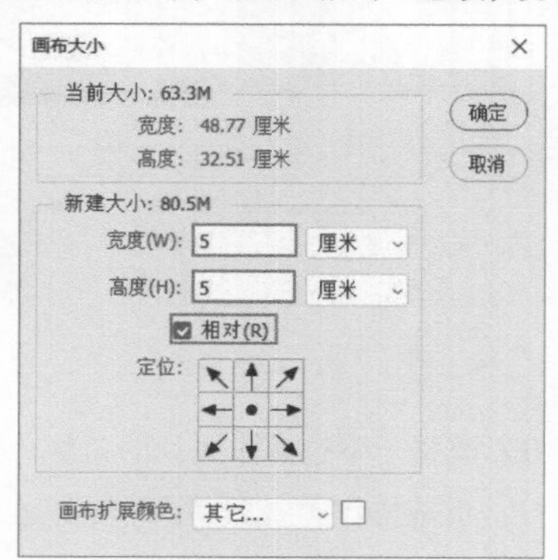

02 执行“图像>画布大小”菜单命令，单击“定位”选项中向上的箭头。在“画布大小”对话框中，设置“宽度”为0厘米，“高度”为3厘米，单击“确定” 确定 按钮后，发现图像下方又增加了3厘米的白边，而其他3条边没有发生变化，这样“拍立得”式的边框效果就制作完成了。

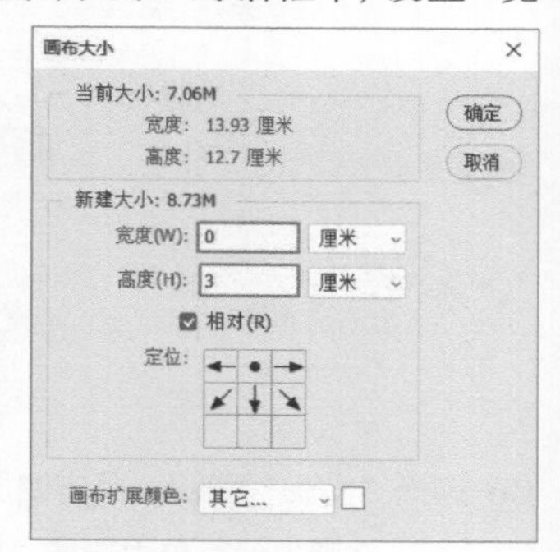

03 用同样的方法把另外一张照片也制作出“拍立得”式的边框。

04 选择一张画布底纹的图片，用于摆放制作好的两张照片。将两张照片拖曳到画布中，将图层分别命名为“男士”和“女士”，调整一下两张照片在画布中的位置。

05 选择“女士”图层，在“图层”面板下方单击“添加图层样式”fx按钮，在弹出的菜单中选择“投影”命令，然后在弹出的“图层样式”对话框中，设置“投影”的“不透明度”为49%，“角度”为141度，“距离”为21像素，“扩展”为7%，“大小”为59像素（数值仅供参考，大家可以根据实际效果自行设置）。

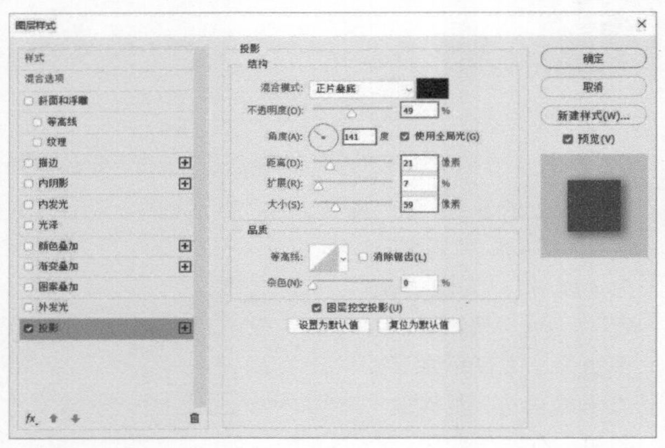

06 选择“女士”图层，单击图层中“添加图层样式”的标记fx，在弹出的菜单中选择“拷贝图层样式”命令，然后选择“男士”图层，将“女士”图层的样式拷贝至“男士”图层，这样“男士”图层也会出现同样的效果。

07 调整一下这两张照片的角度，再添加一些素材和文字，完成操作。

第 14 章

14

排版设计的精髓

084 排版设计时应注意哪些问题

085 选择文字素材时应注意哪些问题

086 版面中的色彩搭配技巧有哪些

087 如何确定版面的设计风格

088 如何让版式设计具备故事情节

084 排版设计时应注意哪些问题

很多修图师在进行排版设计时都习惯直接套用现成的模板，甚至现在已经有了专门制作相册的软件，只要在软件中选择好版面，再选择需要设计的图片，就可以一键生成相册。无论是使用现成的素材设计，还是使用自动设计软件，都可以有效地提高工作效率。但是大家千万不要忽略了排版本身的视觉效果，一定要判断素材与版面是否搭配。

照片的排版设计并非简单地将图片与素材文字进行搭配，还需要考虑到版面基本框架的主体、留白、平衡，以及整本相册中版面之间的协调性等因素。我们需要多翻阅一些好的设计作品，如时尚杂志、精美画册，甚至是电影海报，从中寻找新的灵感来源，找到排版设计的视觉规律，从而让你的排版设计作品脱颖而出。

对相册进行排版的时候，需要注意以下几点。

第1点， 排版设计要突出主体。

以人像摄影为例，在拍摄人物的时候，照片中需要突出拍摄的主体人物，也就是视觉焦点。排版设计同样也需要将文字等素材作为辅助元素，突出照片的主体。

第2点， 适当留白，让整体版面具有透气感。

在排版时，尽量不要让画面看起来太“满”，否则会产生很闷、很压抑的感觉。适当将画面的一侧或上下两端进行留白，使整体版面更具透气感。

第3点， 排版设计要平衡画面。

让版面左右两边相对平衡，视觉上就会舒适。如版面的左侧是一整张大照片时，在版面的右侧就需要添加文字素材和小照片，以平衡左右的视觉效果。

以上给大家列举了排版设计的基本要求。在满足这些要求的前提下，再去考虑版面中的其他问题，这样才能设计出好看的版面。

085 选择文字素材时应注意哪些问题

在对相册进行排版时，基本上是将简约的文字与照片进行搭配。但是简约并不代表简单，严谨考究的图文搭配是体现简约的关键。

主标题文字

主标题文字就像是电影的名称或文章的标题一样，应放在醒目的位置。主体文字是一个版面的核心，在排列主标题文字时，需要考虑字距。

内容文字

为版面添加内容文字，可以使版面看起来更像是杂志版面。内容文字一般要小一些，与主标题文字形成明显的对比。尽量保持字体的统一，使版面看起来更加精致。同时，要将整组内容文字进行对齐，根据摆放的位置选择不同的对齐方式。如果内容文字摆放在版面的左侧，整组文字需要左对齐；如果内容文字摆放在版面的右侧，整组文字需要右对齐；如果内容文字摆放在版面的中间，整组文字就要居中对齐。

副标题文字

在一个版面中，如果仅有主标题文字会显得单调，需要搭配副标题文字增加版面的设计感。需注意的是，副标题文字的大小不要超过主标题文字的大小。副标题文字可以是一行文字，也可以是一段文字，甚至可以是文字与图形的组合。在排列副标题文字时，一定要与主标题文字对齐，可以是左对齐、右对齐或居中对齐，一般情况是根据主标题与副标题的组合方式来选择对齐的方式。

素材的运用

根据目前流行的设计风格，文字是画面中的主要素材，可起到修饰和点缀的作用。在选择素材时，要考虑素材的色彩和大小等因素。

086 版面中的色彩搭配技巧有哪些

在排版设计时，如果将色彩搭配好了，可以起到锦上添花的作用；如果没有将色彩搭配好，会让版面看起来不和谐。下面为大家讲解色彩的搭配技巧。

版面整体的色彩搭配

版面中的色彩搭配原则可以总结为“总体协调，局部对比”8个字。也就是说，版面中整体的色彩效果应当和谐，局部范围可以有一些色彩对比。

文字与素材的色彩搭配

在选择文字和素材的颜色时，往往会使用照片本身的色彩。很多版面中的文字一般会选用黑、白、灰3种颜色。

版面底色的选择

在排版时，要考虑版面底色的深浅。如果版面的底色深，文字的颜色就要浅一些，用深色的背景衬托浅色的内容；如果版面的底色浅，文字的颜色就要深一些，用浅色的背景衬托深色的内容。

版面色彩搭配的技巧

技巧1，用一种色彩。

用一种色彩是指先选定版面中的一种色彩，然后调整其不透明度或饱和度，从而产生新的色彩，作为文字或素材的色彩。这样版面看起来色彩统一，有层次感。

技巧2，用两种色彩。

用两种色彩是指先选定版面中含有的一种色彩，然后选择它的对比色，将这两种色彩作为版面的色彩。这样的撞色搭配适合时尚个性或自由奔放的设计风格。

技巧3，用一个色系。

用一个色系，简单来说就是选择版面中的某一种色彩，然后将文字或素材赋予相同色系的色彩。如果画面中的主色是粉红色，那么可以赋予文字或素材玫红色和大红色等，这样的配色会使版面更和谐。

087 如何确定版面的设计风格

照片的风格有很多种，那么相对的版面设计风格也会有所不同。下面就给大家列举几种常见的版面设计风格。

时尚风格

在文字的选择上，我们参考一下时尚杂志就会发现，时尚杂志通常会选择结构饱满、端庄典雅和整齐美观的字体。中文字体使用最多的是宋体和黑体等，英文字体使用最多的是Didot和Bodoni等。

FASHION

FASHION

FASHION

FASHION

在文字和素材的色彩搭配上，可以大胆地使用撞色，使画面更加具有视觉冲击力。也可以使用黑、白、灰的颜色缔造简约大气的效果。

梦幻唯美风格

提到梦幻唯美，我们的脑海中可能会浮现出很多电影的画面，如《爱丽丝梦游仙境》等。适当在版面中添加一些梦幻效果的素材，梦幻唯美的风格就会表现得更加淋漓尽致。

韩式风格

韩式风格通常以清爽淡雅的配色为主，加上唯美浪漫或是简单可爱的文字，再搭配带有文艺气息的“拍立得”式的边框效果，很能体现韩式风格。

甜美可爱风格

使用带有小情节、小情绪和生活气息的文字与素材，小巧随意且不凌乱，配色明亮淡雅，这是甜美可爱风格的特征。

088 如何让版式设计具备故事情节

版式设计不仅仅是将照片排列在一起这么简单，它具有更深层次的含义，应该承载着被拍摄者的一段回忆或是一段经历。下面为大家讲解如何让版式设计具备故事情节。

剧情式的排列

剧情式排列就是按照摄影师拍摄照片的顺序进行排列。如婚礼现场拍摄，在后期排版时，应该以时间为线索进行排列。婚纱照片的拍摄虽然没有明显的时间轴，但是我们可以把相同的场景或类似的肢体语言的照片放在一起，形成一连串的效果。还可以穿插一张类似电影分镜头的特写照片，让其具备故事情节。

阳光里的美好
一个人
在诗歌的阳光里取暖
一起等待

《属于自己的时光》

穿插花絮或场景的图片

我们在看电影海报时会发现，有的电影海报穿插了与剧情有关的场景画面。那么在排版时，也可以利用这种手法，穿插一些花絮或场景的照片。穿插的照片可以是人物的局部特写的照片，如牵手的特写和项链的特写等，也可以是与照片有关的元素和道具，如草地上的花束、桌子上的首饰盒和椅子上的花篮等。在版面中添加这些照片，可以给人想象的空间。

第15章

15

经验分享

089 新手学习修图如何快速上手
090 照片的色彩搭配有什么规律吗
091 如何快速为照片定调
092 在转档时如何让皮肤更干净和更有层次
093 在照片整体不亮的情况下如何处理皮肤
094 如何避免把皮肤纹理修花
095 如何对很灰的照片进行改善
096 如何让照片看起来厚重和有质感
097 如何处理照片中的噪点
098 如何将海水调得更透和更蓝
099 如何快速处理“穿帮”的照片
100 如何让添加的素材更真实自然

089 新手学习修图如何快速上手

任何一个职业，要想做好都没有那么容易，但是找到合理的学习方法就会相对容易一些。想要学好修图，工具的使用并不是一件难事，关键是学会如何灵活使用。在面对不同的照片问题时，要能够选择正确的工具和方法去解决问题。因此，对于修图师来说，不仅要熟悉软件的使用方法，更重要的是提高自己的审美和观察力。想要提高审美和观察力，在日常生活中我们要多看一些优质的修图作品，并学会总结和分析，不仅要“知其然”，还要“知其所以然”。在学习了他人作品的优点后，可以将好的方法融入自己的作品中。在不断学习和不断观察的过程中，慢慢提升自己，相信总有一天你也可以成为一名出色的修图师。

090 照片的色彩搭配有什么规律吗

一张照片的色调主要取决于照片的风格。我们可以把照片分为两大风格：一是光影硬朗的时尚风格，包括时尚商业风格、时尚旅拍风格和视觉冲击力较强的大场景照片等；二是光影柔和的唯美风格，包括小清新风格和日系文艺风格等。在对光影硬朗的时尚类风格照片进行色彩搭配时，一般可以选择低明度、高饱和度和撞色的色彩搭配；在对光影柔和的唯美风格进行色彩搭配时，一般可以选择高明度、低饱和度和同类色的色彩搭配。那么反过来说，不同的色彩搭配也会影响照片的风格。

091 如何快速为照片定调

很多修图师拿到没有调过的照片时，往往不知道该调为怎样的风格。其实照片的风格主要取决于前期的拍摄和服装造型等特点。如果照片的光影硬朗，人物表情严肃，服装时尚，色彩丰富，那么就适合调为时尚的风格，例如旅拍风格等；如果照片的光影柔和，人物的表情含蓄，服装唯美，色彩单一，那么就适合调为唯美柔和的风格，例如韩式风格和小清新风格等。所以在判断照片适合什么样的风格时，我们要根据前期拍摄和服装造型的特点进行分析。

092 在转档时如何让皮肤更干净和更有层次

转档是处理照片的第一步，如果在转档时就将照片处理得很好了，就会得到一张质量更高的照片。在转档的过程中，要想把人物的皮肤处理得干净、清透而有层次，需要从光影控制和色彩控制这两方面着手。在“基本”面板中，不要让“曝光度”过亮，并且适当增加“对比度”，进行去灰处理。也不要让“高光”和“阴影”过亮，以保证照片的密度，尽量提亮“白色”，增加画面的光泽度，并且要控制好“黑色”，不要让照片的暗部过黑。在“色调曲线”面板中，适当提亮“亮调”，适当压暗“暗调”，并且增加“中间调”的光影层次。在“HSL/灰度”面板中，提高肤色的“明度”，降低肤色的“饱和度”，让人物的皮肤明亮有光泽。通过这样的操作，基本上就可以将皮肤处理得干净、清透而有层次了。

093 在照片整体不亮的情况下如何处理皮肤

很多修图师在调色的过程中，希望把人物的皮肤处理得非常干净，因此往往采取整体调亮的方法。其实这样的做法是错误的，虽然提亮了整张照片，人物的皮肤也干净了，但没有解决根本的问题。照片因此过度明亮，丢失了很多细节。在照片整体不亮的情况下，想要把人物皮肤处理得干净，就需注意肤色均匀的问题，即皮肤的颜色和光影反差不能太大。在处理皮肤的时候，可以新建一个“中性灰”图层，然后刷亮皮肤的高光，并注意原片的光影细节，着重处理皮肤的光影层次。

094 如何避免把皮肤纹理修花

在修图的过程中，对皮肤的处理非常关键，这是修图师的基本功。无论用什么方法对皮肤进行修饰，始终要注意3点：一是不要破坏人物皮肤的光影，如果人物皮肤中的光影杂乱，需要先处理好光影，再修饰皮肤；二是在使用“仿制图章工具”或“混合器画笔工具”修饰皮肤时，一定要注意画笔的走向要与皮肤的结构和光影一致，否则就很容易修花和修“平”；三是在使用“仿制图章工具”或“混合器画笔工具”修饰皮肤之前，要先使用“污点修复画笔工具”和“修补工具”等把皮肤上明显的皱纹、痘印和杂点等处理掉，再进行修饰。虽然每个修图师的修图风格都不一样，但是修图理念是相通的。只有掌握了正确的方法，才能修出更好的作品。

095 如何对很灰的照片进行改善

在修图的时候，常常会遇到照片很灰的问题。照片看起来很灰的主要原因在于高光不明亮和阴影不够重，我们可以利用增加光影反差的方法来解决。使用“亮度/对比度”和“渐变映射”等命令对照片进行处理。如果是中间调灰，没有层次，可以利用“S曲线”的方法解决，增加亮调和暗调的光影反差即可。如果是照片的局部问题导致照片看起来很灰，可以使用“加深工具” 和“减淡工具” 对照片的局部进行压暗和提亮，这也是非常简单有效的方法。

096 如何让照片看起来厚重和有质感

我们在说一张片子的厚重感和质感的时候，往往都会考虑到景深、色彩搭配和光影等因素。想让照片看起来厚重和有质感，可以将图层的混合模式设置为“正片叠底”，可以利用通道压暗照片中的阴影，也可以使用“阴影/高光”命令调整照片的密度，可以使用“高反差保留”或“USM锐化”等命令让照片变得清晰有质感，还可以使用“HDR色调”命令制作高强度的反差效果。这些方法不是固定的，需根据照片想要呈现的效果选择最适合的方法，从而调出一张厚重和有质感的照片。

097 如何处理照片中的噪点

一般来说，如果相机的感光度设置得过高，或者人物在画面中的占比较小都会让照片中的场景和人物的皮肤产生噪点。在这样的情况下，我们可以在转档时使用“减少杂色”命令，有效地去除噪点。也可以适当使用“表面模糊”和“蒙尘与划痕”等命令对噪点进行处理。在处理大场景的照片时，会遇到人物皮肤的杂点过重的问题，这时可以使用“混合器画笔工具”✎.对皮肤进行修饰。

098 如何将海水调得更透和更蓝

在修图的过程中，会遇到很多大场景的照片，如海边人像图等。但是在面对浑浊的海水时，我们往往不知如何下手。在前面的内容中介绍了可以使用“叠加刷色”的方法让海水更透和更蓝，但是在处理的过程中一定要注意对色彩的明度和饱和度的控制。如果不希望刷出的颜色过于明亮，就选择明度较低的色彩进行刷色；如果不希望刷出的颜色过于鲜艳，就选择低饱和度的颜色进行刷色。除此之外，我们也可以使用“颜色”混合模式。相对于“叠加”混合模式来说，“颜色”混合模式的遮盖力更强，但是缺少光泽感，一般需要配合“柔光”混合模式进行处理。

099 如何快速处理“穿帮”的照片

由于受环境的影响，在拍摄照片时会出现一些“穿帮”的问题。对于“穿帮”照片的处理，就需要修图师来完成了。在处理“穿帮”的照片时，常用的工具有“污点修复画笔工具”和“修补工具”等，需根据实际情况选择最有效的工具。但是对于“穿帮”面积较大或修饰难度较大的照片，我们可以换一种思路去解决问题，如使用“模糊”命令对“穿帮”的部分进行虚化处理，添加前景对“穿帮”的部分进行遮挡等。

100 如何让添加的素材更真实自然

在处理大场景的照片时，常常会对照片添加素材，如天空、光效、花瓣、雨雪和飞鸟等。在对照片进行合成处理的时候，除了要掌握相关的技术，更关键的是要有敏锐的观察力。一切要从真实的角度出发，才能让合成效果更加真实和自然，从而赋予作品生命力。在添加素材时，需要注意素材在画面中的大小比例、透视关系、运动效果和环境色等，避免出现不真实的情况。大家在平时也要多观察一些自然景色，多看一些画面优美、大气的电影，在我们合成照片时会有很大的帮助。